绿色建筑与健康人居环境创建

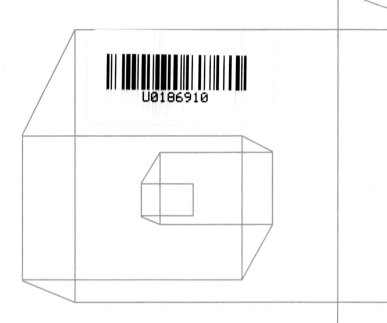

U0186910

低能耗居住建筑
多能互补供暖平衡
方案研究

内蒙古农村牧区

薛芸　张杰　著

知识产权出版社
全国百佳图书出版单位
—北京—

图书在版编目（CIP）数据

低能耗居住建筑多能互补供暖平衡方案研究：内蒙古农村牧区/薛芸，张杰著. —北京：知识产权出版社，2021.1

ISBN 978-7-5130-7429-2

Ⅰ.①低… Ⅱ.①薛… ②张… Ⅲ.①牧区—农村住宅—居住建筑—节能—采暖设备—建筑设计—设计方案—内蒙古 Ⅳ.①TU241.4

中国版本图书馆 CIP 数据核字（2021）第 025325 号

责任编辑：张 冰　　　　　　　　　　　　责任校对：王 岩
封面设计：杨杨工作室·张冀　　　　　　　责任印制：孙婷婷

绿色建筑与健康人居环境创建

低能耗居住建筑多能互补供暖平衡方案研究
——内蒙古农村牧区

薛 芸 张 杰 著

出版发行：知识产权出版社 有限责任公司		网　址：http://www.ipph.cn	
社　址：北京市海淀区气象路 50 号院		邮　编：100081	
责编电话：010-82000860 转 8024		责编邮箱：740666854@qq.com	
发行电话：010-82000860 转 8101/8102		发行传真：010-82000893/82005070/82000270	
印　刷：北京建宏印刷有限公司		经　销：各大网上书店、新华书店及相关专业书店	
开　本：720mm×1000mm　1/16		印　张：14	
版　次：2021 年 1 月第 1 版		印　次：2021 年 1 月第 1 次印刷	
字　数：251 千字		定　价：88.00 元	

ISBN 978-7-5130-7429-2

前　言

随着我国乡村振兴战略和美丽乡村建设的实施以及内蒙古农村牧区经济、社会的发展，农牧民收入稳步提高，居住条件和生活环境不断改善，对室内热舒适度的要求也在提升。农业农村部办公厅印发的《2020年农业农村绿色发展工作要点》中提出：持续推进农村人居环境整治。为此，在内蒙古农村牧区推动发展低能耗居住建筑，既有利于节能，又有利于提升农牧民生活品质，也是改善农牧民生活环境的重要内容。

随着绿色发展理念深入人心，在"打赢蓝天保卫战"重大决策部署的推动下，可再生能源和能源的清洁化利用得到高度重视且技术快速进步。在冬季严寒且漫长的内蒙古农村牧区，充分利用其风、光资源丰富的优势，在低能耗居住建筑中发展多能互补清洁供暖技术，既可以减少冬季供暖能耗，又可以助力实现天蓝、地绿、水清的优美生态环境。

在国家自然科学基金"内蒙古农村牧区低能耗居住建筑模式研究"（51668051）项目的资助下，课题组成员对内蒙古农村牧区居住建筑实现低能耗的途径和清洁供暖多能互补方案开展了研究。在对内蒙古农村牧区居住建筑现状、供暖设施及燃料、供暖能耗及冬季室内热环境状况等进行广泛、深入调研的基础上，提出了实现居住建筑低能耗的优化设计方案、外围护结构热工性能指标体系以及可供选用的多种技术先进成熟、质量稳定可靠、材料性能优良、施工较为方便的外墙保温和屋面保温构造形式等；实现多能互补供暖平衡的技术措施可优化居住建筑平面空间设计、提高外围护结构热工性能、充分利用太阳能、提高火炕热效率的基础上，为保持室内适宜的热舒适度，通过光电、风电、空气源热泵等清洁能源进行补充供热，实现可再生能源高效利用、多能互补、供暖平衡。这符合《内蒙古自治区冬季清洁取暖实施方案》提出的农村地区优先利用地热、生物质、太阳能等多种清洁能源供暖，有条件地发展天然气或电供暖的政策要求，也说明推动清洁能源的利用是我国乡村振兴战略和可持续发展的必然选择。

　　本书分为上篇、中篇、下篇三个部分。上篇（第1章和第2章）对内蒙古严寒B区、严寒C区部分农村牧区居住建筑及环境状况的调研资料进行归纳统计和分析总结，发现现状住宅内部空间布局不够合理，外围护结构热工性能较差，传统火炕仍是冬季较为普遍的供暖设施之一，可再生能源等清洁供暖使用率很低，"高能耗、低舒适"是多数农牧民的感受。中篇（第3章至第5章）以流体力学和建筑热工学理论为指导，以VENT、ANSYS模拟软件为研究工具，对严寒B区的大花洞火炕、严寒C区的直洞式火炕的烟道形式进行改进设计，科学合理设置迎火墙、分烟墙和导烟墙，改变烟气流场，使烟气能够更加均匀地分布于炕洞内部，提高火炕热舒适度和热效率。下篇（第6章至第8章）分别对内蒙古严寒B区、严寒C区典型两居室中面积、三居室大面积住宅进行低能耗优化设计，通过模拟计算得出低能耗住宅较现状住宅节能率在70%以上且热舒适度大幅提高。具体介绍了在内蒙古严寒B区利用丰富的太阳能和风能资源，选取风电和光电作为低能耗住宅平衡供暖的能源；在内蒙古严寒C区选用先进的太阳能光热技术和空气源热泵技术进行清洁能源供暖平衡方案设计。

　　研究表明，在内蒙古农村牧区发展低能耗居住建筑不仅能够大幅减少冬季供暖能耗而且可显著提高室内热舒适度；科学、合理、高效地利用清洁能源，不仅可以改善农村牧区生态环境，也可为农村牧区住宅多能互补、供暖平衡提供理论指导和技术支持，还可为在我国北方建设"无煤村、低碳村"构想提供借鉴。

　　在项目研究和本书撰写过程中，研究生陈丽珠、师国艳、张亚东、樊慧、郝渊承担了实地调研、资料整理、建模绘图和模拟计算等工作，在此表示感谢。

作者
2020.10

目　录

上篇　现状居住建筑

中篇 传统供暖设施——火炕

上篇

现状居住建筑

第1章 概 述

1.1 研究背景

党和国家乡村振兴战略的实施，促进了农村牧区经济的稳步发展。随着农牧民生活水平的提高，农牧民对居住环境和热舒适度的要求也在提高。然而，内蒙古农牧民自建住宅建筑能耗高，尤其是供暖能耗不断增加，且室内热舒适度较差。随着国家节能减排和环境保护战略的实施，全社会对能源问题和环境问题高度重视。在节能政策日趋完善、支持力度不断加大的背景下，适宜地域性气候特点的绿色建筑层出不穷，被动式低能耗建筑快速发展。因此，在内蒙古农村牧区发展符合《农村牧区居住建筑节能设计标准》（DBJ 03—78—2017）[1]的低能耗住宅势在必行，实现农村牧区居住建筑"高舒适、低能耗"的发展目标是乡村振兴战略的重要部分，符合可持续发展要求，同时可以大大改善农牧民居住环境质量。

1.1.1 我国建筑能耗现状

建筑是能源消耗的重要载体，清华大学建筑节能研究中心发布的《中国建筑节能年度发展研究报告2020》[2]显示：2018年，我国建筑面积总量约601亿平方米，其中城镇住宅建筑面积为244亿平方米，农村住宅建筑面积229亿平方米，公共建筑面积128亿平方米，北方城镇供暖面积147亿平方米；民用建筑建造能耗从2004年的2亿吨标准煤增长到2018年的5.2亿吨标准煤。2018年建筑业建造能耗（房屋建造与基础设施建设）占全社会一次能源消耗的百分比高达29%。在2018年民用建筑建造能耗中，城镇住宅、农村住宅和公共建筑分别占比为42%、14%和44%。2001~2018年，建筑能耗总量及其中电力消耗量均大幅增长。2018年，建筑运行的总商品能耗为10亿吨标准煤，约占全国能源消费总量的22%，建筑商品能耗和生物质能共计10.9亿吨标准煤

3

（其中生物质能耗约 0.9 亿吨标准煤）[2,3]。2000 ~ 2016 年，公共建筑能耗（含供暖能耗）占全部建筑能耗的 34% ~ 39%，城镇居住建筑（含供暖能耗）占 38% ~ 42%，农村建筑能耗则稳定在 23% ~ 24%。农村能源消耗中 56% 以上来自北方，其中供暖能耗约占 80%。[3]

1.1.2　农村居住建筑能耗现状

随着社会经济的发展，农村居民对居住建筑环境的热舒适度有了更高的要求。农村住宅宏观参数为 1.48 亿户，面积为 229 亿平方米；用电量 2623 亿千瓦时；能耗为 2.16 亿吨标准煤；一次能耗强度为 1.46 吨标准煤/户。可以看出农村住宅的户均商品用能在缓慢增加。但在农村人口和户数缓慢减少的情况下，农村商品能耗基本保持稳定。其中，由于农村各类家用电器普及程度提高和北方清洁取暖"煤改电"等，用电量近年来显著增加；同时，生物质能使用量持续减少。因此，农村住宅总用能近年来呈缓慢下降趋势，综合新型节能措施呈现出显著成效。天然气、水电、核电、风电等清洁能源消费量占能源消费总量的 23.4%，上升 1.3%。

2018 年，我国北方农村生活用能不同种类能源消耗量现状如下。常住人口数为 23 932 万人；年实物消耗量，煤炭 12 054 万吨，液化气 203 万吨，电能 874 亿千瓦时，薪柴 3982 万吨，秸秆 4732 万吨，天然气 55.4 亿立方米。折合标煤量为：商品能 12 277 万吨标准煤，非商品能 4756 万吨标准煤，共计总量为 17 033 万吨标准煤。整个北方地区商品能（散煤、蜂窝煤、液化气、电能、天然气）和生物质能（薪柴和秸秆）的比例分别为 72.1% 和 27.9%。[4]

作为减少碳排放的重要技术措施，生物质能以及可再生能源利用将在农村住宅建筑中发挥巨大的作用。《能源技术革命创新行动计划（2016—2030）》提出，将在农村开发生态能源农场，发展生物质能、能源作物等。《生物质能发展"十三五"规划》明确了我国农村生物质能的发展目标，"推进生物质成型燃料在农村炊事采暖中的应用"，并且要求将生物质能源建设成为农村经济发展的新型产业。我国 2014 年发布《关于实施光伏扶贫工程工作方案》，提出在农村发展光伏产业，作为脱贫的重要手段。如何充分利用农村地区各种可再生资源丰富的优势，通过整体能源解决方案，在实现农村生活水平提高的同时控制商品能源消耗同步增长，加大农村非商品能利用率，既是我国农村住宅节能的关键，也是我国能源系统可持续发展的重要问题。

1.1.3　内蒙古农村牧区居住环境

2019 年中国统计年鉴显示，截至 2018 年，我国总人口达到 13.95 亿，其中乡村人口为 5.6 亿，占全国总人口的 40.43%。[5]内蒙古地区农村牧区户籍人口 1464 万，长期生活在农村牧区人口为 1000 多万，居住建筑总面积约 2.6 亿平方米。[6]另据有关统计，2018 年内蒙古农村生活用能现状为：煤炭 1161.7 万吨，液化气 31.7 万吨，电能 51.9 亿千瓦时，薪柴 17.1 万吨，秸秆 138.3 万吨。折合标煤量：商品能 1039 万吨标准煤，非商品能 79 万吨标准煤，共计总量为 1118 万吨标准煤。[2]

内蒙古地区冬季寒冷，供暖持续时间长，农村牧区居住建筑多以自建为主，存在平面空间冷热分区不够明确，墙体、屋顶保温设计不合理，以及门窗气密性差等问题，导致农牧民居住建筑冬季室内温度低，冷辐射明显，室内早晚温度波动较大。居住建筑多采用火炕、土暖气、火炉等设备供暖，能源效率低。同时，因生活习惯、生产方式而使户门常开闭导致热量散失，更加大了供暖能耗；而供暖燃料主要使用煤炭，部分使用牛羊粪、农作物秸秆、薪柴和电能等，产生大量的 CO_2、CO、SO_2、磷化物等有毒有害物质，严重污染环境，已成为当前雾霾治理的重点和难点。

1.1.4　清洁能源供暖政策

1. 鼓励政策

2016 年，习近平总书记在主持中央财经领导小组第十四次会议上指出："推进北方地区冬季清洁取暖，关系北方地区广大群众温暖过冬，关系雾霾天能不能减少。"自 2016 年开始，内蒙古落实中央打赢脱贫攻坚战重大决策，努力探索风电、光伏发电的扶贫模式，设定专项资金扶持风电和光电建设。

2017 年，党的十九大提出"打赢蓝天保卫战"的重大决策部署，全面推进乡村振兴战略。国家发改委发布了《北方地区冬季清洁取暖规划（2017—2021）》，明确指出鼓励因地制宜，采用多种能源互补清洁供暖方式来降低我国北方供暖能耗。[7]明确指出清洁供暖是指利用电、地热、天然气、太阳能、生物质、工业余热、清洁化燃煤（超低排放）、核能等清洁能源进行供暖，实现低排放、低污染的目的。

2018 年，习近平总书记在全国生态环境保护大会上强调："打造美丽乡村，为老百姓留住鸟语花香田园风光。"中共中央、国务院印发的《乡村振兴战略规划（2018—2022 年)》对乡村建设有了进一步明确的指导规定：改善农民居住条件和居住环境，提升农牧民生活品质，是乡村振兴的重要部分。

2020 年，农业农村部办公厅印发《2020 年农业农村绿色发展工作要点》，并在通知中明确提出改善农村居住环境。内蒙古自治区人民政府办公厅在《坚决打赢污染防治攻坚战 2020 年重点工作任务责任分工方案》中强调："推进冬季清洁取暖。加快推进落实《内蒙古自治区冬季清洁取暖实施方案》……力争年底前城市建成区清洁取暖率达到 70% 以上，旗县（市、区）和城乡接合部达到 60% 以上。"清洁供暖对我国乡村振兴战略具有重大意义。在政策的大力支持以及内蒙古丰富的风资源和太阳能资源优势条件下，非常有利于探索内蒙古农村牧区低能耗住宅风电、光电、太阳能等多能互补供暖方案研究，进一步节约传统能源，保护环境。

2. 财政支持

内蒙古自治区发改委根据国家发改委《关于印发北方地区清洁供暖价格政策意见的通知》中鼓励通过可再生能源就近消纳等方式，降低供暖用电成本，使用谷电进行蓄热或供暖的，实行比平均输配电价低 50% 的指导意见，结合内蒙古自治区实际，提出 2019 年及以后年度清洁供暖、多能互补的优惠政策和鼓励指导事宜，制定了农村牧区以村（嘎查）或自然村为单位通过"煤改电"等方式改造使用电采暖或地源热泵等电辅助加热取暖的电价优惠政策：

（1）对于蒙西地区（呼和浩特市、包头市、锡林郭勒盟、乌兰察布市、鄂尔多斯市、巴彦淖尔市、乌海市、阿拉善盟、二连浩特市），峰时段（8：00 ~ 18：00）用电价格在居民阶梯第一档电价的基础上每千瓦时加价 0.03 元，谷时段（18：00 ~ 次日 8：00）用电价格在居民阶梯第一档电价的基础上每千瓦时降低 0.13 元。

（2）对于蒙东地区（呼伦贝尔市、兴安盟、通辽市、赤峰市、满洲里市），平时段（6：30 ~ 7：30、11：30 ~ 17：00）电价为居民阶梯电价的第一档电价，峰时段（7：30 ~ 11：30、17：00 ~ 21：00）用电价格在平时段电价的基础上上浮30%，谷时段（21：00 ~ 次日 6：00）用电价格在平时段电价基础上下降40%。

1.1.5 清洁供暖潜力

内蒙古地区在热工分区上属于严寒地区，冬季严寒且漫长，全年降水量在

100~500 mm，属于干旱、半干旱地区。但内蒙古地区可再生能源丰富，具有清洁供暖的巨大潜力。其中太阳能、风能资源丰富，在清洁能源的合理利用、实现农牧民居住建筑的节能与环保方面具有独特优势。

1. 太阳能资源

内蒙古地区太阳辐射总量大，全年日照时数为3000~3200 h，太阳辐照量为5400~6700 MJ/(m²·a)[8]，太阳总辐射平均强度77~122 W/m²，年辐射总量普遍达到1700 kW·h/m²以上。其中，巴彦淖尔及阿拉善盟太阳能总辐射量高达6490~6992 MJ/m²，仅次于青藏高原，处于中国第2位。[9]为了有效利用太阳能资源，可将内蒙古地区的太阳能资源划分为4个区域，即丰富区、次丰富区、较丰富区和较贫乏区[10]，如表1.1所示。

表1.1　内蒙古太阳能资源分区及保证率

分区名称	地　区	年总辐射量/(MJ/m²)	年日照时数/h	太阳能保证率(%)
丰富区	阿拉善西北部和东南部	≥6700	3000~3500	≥60
次丰富区	阿拉善大部、巴彦淖尔、乌海、鄂尔多斯、包头、呼和浩特、乌兰察布、锡林郭勒严寒C区和赤峰西北部	6100~6700	2800~3500	40~60
较丰富区	赤峰大部、通辽全部和兴安盟严寒C区	5400~6100	2700~3400	20~40
较贫乏区	兴安盟东部	4700~5400	2400~3300	10~20

2. 风能资源

内蒙古地区风能资源储量极为丰富，风能资源总储量为13.8亿千瓦，70 m高度风能资源技术可开发量约为15亿千瓦，占全国总储量的1/5，居全国首位。多年年平均风功率密度在300 W/m²以上，不低于150 W/m²的区域面积为101.3万平方千米，占全区总土地面积的85.63%。内蒙古全区年平均风速6.67 m/s，瞬间最大风速33 m/s，且风向稳定，连续性好，风能可利用率高。尤其是风电利用时数平均每年约2200 h，实施可再生能源高效利用具有显著的优势。[11]

在充分考虑内蒙古农村牧区居民生活习惯、生产方式的基础上，研究因地制宜、科学、高效地应用清洁能源，对改善农牧民生活环境和提升农牧民生活品质具有很大意义。

1.2　研究目的及意义

随着社会和科技的发展，国家对可再生能源利用及清洁供暖技术高度重视。近几年，相关设备技术性能快速进步，由大型化向小型化发展，并且技术先进，性能可靠，运行稳定，使用耐久，例如，小型风力发电系统、太阳能光伏发电系统、太阳能供热系统、空气能制热制冷系统等智慧能源清洁供暖系统；加上国家政策扶持，运行成本普遍降低，很容易被农牧民接受。所以，在农村牧区低能耗居住建筑模式下发展推广清洁能源供暖事业条件基本成熟，其技术性、经济性都具备可行性。

内蒙古地区太阳能、风能等可再生资源丰富，实施可再生能源高效利用多能互补供暖模式具有得天独厚的优势，而且特别适宜内蒙古农牧民数量多、分布广、居住分散、单独供暖的聚居模式。"内蒙古农村牧区低能耗居住建筑模式研究"项目对低能耗居住建筑太阳能供暖系统（太阳能光热供暖、太阳能光电供暖）和风电供暖系统（电热供暖）等可再生能源高效利用进行研究，提出多能互补供暖平衡方案，为在我国北方建设"无煤村、低碳村"构想提供理论基础和技术支撑。

1.3　概念阐述

1.3.1　建筑热工区划

我国用于指导建筑工程实践的气候区划主要是建筑气候区划和建筑热工设计区划。建筑热工设计区划是我国建筑节能设计及有关标准实施的基础，为我国建筑热工设计提供依据和指导。

为使民用建筑热工设计与地区气候相适应，保证室内基本的热环境要求，符合国家节约能源的方针，《民用建筑热工设计规范》（GB 50176—2016）采用累年最冷月（即 1 月）和最热月（即 7 月）平均温度作为分区主要指标，以累年日平均温度不高于 5 ℃和不低于 25 ℃的天数作为辅助指标，将全国划分为五个热工分区，即严寒地区、寒冷地区、夏热冬冷地区、夏热冬暖地区和温和地区[12]，如表 1.2 所示。

表 1.2 建筑热工设计一级区划指标及设计原则

一级区划名称	区划指标		设计原则
	主要指标	辅助指标	
严寒地区（1）	$t_{\min \cdot m} \leqslant -10\ ℃$	$d_{\leqslant 5} \geqslant 145$	必须充分满足冬季保温要求，一般可以不考虑夏季防热
寒冷地区（2）	$-10\ ℃ < t_{\min \cdot m} \leqslant 0\ ℃$	$90 \leqslant d_{\leqslant 5} < 145$	应满足冬季保温要求，部分地区兼顾夏季防热
夏热冬冷地区（3）	$0\ ℃ < t_{\min \cdot m} \leqslant 10\ ℃$ $25\ ℃ < t_{\max \cdot m} \leqslant 30\ ℃$	$0 \leqslant d_{\leqslant 5} < 90$ $40 \leqslant d_{\geqslant 25} < 110$	必须满足夏季防热要求，适当兼顾冬季保温
夏热冬暖地区（4）	$t_{\min \cdot m} > 10\ ℃$ $25\ ℃ < t_{\max \cdot m} \leqslant 29\ ℃$	$100 \leqslant d_{\geqslant 25} < 200$	必须充分满足夏季防热要求，一般可不考虑冬季保温
温和地区（5）	$0\ ℃ < t_{\min \cdot m} \leqslant 13\ ℃$ $18\ ℃ < t_{\max \cdot m} \leqslant 25\ ℃$	$0 \leqslant d_{\leqslant 5} < 90$	部分地区应考虑冬季保温，一般可不考虑夏季防热

由于我国地域辽阔，每个热工区划的面积非常大，导致在同一热工区划内，不同城市的气候状况差别很大。因此，《民用建筑热工设计规范》（GB 50176—2016）采用 $HDD18$、$CDD26$ 作为二级区划指标，将 5 个一级热工区划进一步细分为 11 个二级区划[12]，既反映了不同地区气候寒冷和炎热的程度，也反映了寒冷和炎热持续时间的长短，便于据此设计的围护结构热工性能有更好的环境适应性，如表 1.3 所示。

表 1.3 建筑热工设计二级区划指标及设计要求

二级区划名称	区划指标		设计要求
严寒 A 区（1A）	$HDD18 \geqslant 6000$		冬季保温要求极高，必须满足保温设计要求，不考虑防热设计
严寒 B 区（1B）	$5000 \leqslant HDD18 < 6000$		冬季保温要求非常高，必须满足保温设计要求，不考虑防热设计
严寒 C 区（1C）	$3800 \leqslant HDD18 < 5000$		必须满足保温设计要求，可不考虑防热设计
寒冷 A 区（2A）	$2000 \leqslant HDD18$ < 3800	$CDD26 \leqslant 90$	应满足保温设计要求，可不考虑防热设计
寒冷 B 区（2B）		$CDD26 > 90$	应满足保温设计要求，宜满足隔热设计要求，兼顾自然通风、遮阳设计

二级区划名称	区划指标		设计要求
夏热冬冷 A 区（3A）	$1200 \leqslant HDD18 < 2000$		应满足保温、隔热设计要求，重视自然通风、遮阳设计
夏热冬冷 B 区（3B）	$700 \leqslant HDD18 < 1200$		应满足隔热、保温设计要求，强调自然通风、遮阳设计
夏热冬暖 A 区（4A）	$500 \leqslant HDD18 < 700$		应满足隔热设计要求，宜满足保温设计要求，强调自然通风、遮阳设计
夏热冬暖 B 区（4B）	$HDD18 < 500$		应满足隔热设计要求，可不考虑保温设计，强调自然通风、遮阳设计
温和 A 区（5A）	$CDD26 < 10$	$700 \leqslant HDD18 < 2000$	宜满足冬季保温设计要求，可不考虑防热设计
温和 B 区（5B）		$HDD18 < 700$	宜满足冬季保温设计要求，可不考虑防热设计

1.3.2 农牧区住宅用能

农牧区住宅主要是供从事农牧业生产者居住的宅院，在组成上除一般生活起居部分外，还包括农牧业生产用房，如农机具存放场所、家禽家畜饲养场所和其他副业生产设施等。因此，农牧区住宅既是农牧民的基本生活空间和重要财产，也是农牧区生产资料的一部分。农牧区住宅用能指农牧民家庭生活所消耗的能源，包括炊事、供暖、降温、照明、热水、家电等。农牧民住宅使用的主要能源种类是电力、燃煤、液化石油气、燃气和生物质能（秸秆、薪柴）等。其中的生物质能部分能耗没有纳入国家能源宏观统计，却是农牧区住宅用能的重要部分。

1.3.3 被动式太阳能建筑

被动式太阳能建筑又被称为"被动房"。20 世纪 80 年代，"被动房"理念在德国低能耗建筑理念的基础上发展起来。90 年代末期，"被动房"理念进一步发展，有了实体建筑的设计和建设。21 世纪初，该理念被引进中国。近年来，随着技术的发展和经验的积累，我国被动式太阳能建筑技术规范已较为成熟、完备。特别是在我国北方，发展被动式太阳能建筑，降低冬季供暖能耗，提高室内热舒适度，在地域适应性方面具有更好的成效。被动式太阳能建筑主要是指不借助机械装置或传统供暖和制冷系统，冬季直接利用太阳能供暖、夏季采用遮阳散热就能获得较舒适的室内环境的建筑。[12] 被动式太阳能系统依靠传导、对流和辐射等自然热转换的过程，实现对太阳能的收集、储藏、分配和控制。

被动式太阳能建筑充分利用太阳热能源实现自我调节，满足建筑"冬暖夏凉"的要求。被动式太阳能建筑通过建筑朝向，集取与吸收太阳热能，起到保暖效果；利用建筑的合理布局、内部空间加强空气对流，使室内温度得到调节；利用节能环保材料与合理结构、构造对太阳热能进行集取、蓄存，解决建筑冬季供暖问题。被动式太阳能建筑具有简单、经济、有效等优势，对于太阳能丰富、聚居形式多样、分布广的内蒙古农村牧区来说，是一种比较理想的建筑形式。

被动式太阳能建筑可分为直接式和间接式。直接式是阳光直接照入室内，对室内空气和地板等实体进行加热，提高室内温度，但室内热环境受室外直接影响较大，形式主要是直接受益式；间接式是太阳能将有关介质，如水、空气等在室外进行加热，介质携带热量进入室内散热，提高室内温度，介质的热缓冲使得室内热环境受室外影响较小，形式有集热蓄热墙式、附加阳光间式、蓄热屋顶式和对流环路式。

1.3.4 室内热环境及热舒适度

室内热环境的影响因素较多，主要包括室内气温、湿度、气流速度及壁面辐射等。室内热环境受内扰和外扰同时作用。但是一般建筑室内人体新陈代谢、生活设备及照明灯具等散热和散湿相对稳定，所以室内热环境主要受室外热环境的影响。内蒙古地区冬季严寒且漫长，气候干燥，在门窗紧闭的状态下，室内的空气湿度较低且较稳定，对室内热环境影响小，所以室内热环境主要受室内气温及壁面冷辐射的影响。本研究着重从室内气温和外墙内表面壁面冷辐射两个方面来衡量室内热环境状况。

室内热舒适度是指人体对所处的室内热环境满意程度的感受，主要反映的是人对于冷热的感觉。而这种冷热感觉不仅仅取决于人体所处热环境，即由气温、平均辐射温度、相对湿度和风速等主要物理因素综合影响，还与个体自身（如健康状况、性别、年龄、体形等）以及活动量、衣着状况等有关。

内蒙古地区农牧民长期居住于此，形成了较为特殊的生产、生活方式，并对严寒气候有一定的适应性。本研究只针对一般性健康群体，不涉及年龄、体形、性别等个体的差异性，也不涉及此差异性对室内热舒适度的差异性需求。

1.3.5 低能耗居住建筑

低能耗建筑通常指的是比传统新建建筑或者按照节能标准建造的建筑能耗还要低的建筑，通常其能耗标准为基准建筑能耗的一半。需要指出的是，一栋建筑在某一国家被认可为低能耗建筑，用其他国家的标准衡量可能就不是低能耗建筑。由于全球各国建筑标准的不断提高，许多年前的低能耗建筑可能是现在的基准建筑。本研究所称的低能耗居住建筑，指的是比目前内蒙古农牧民自建住宅节能 50% 以上的居住建筑。

低能耗建筑主要根据当地的气候特点，通过实施先进的低能耗技术和选用适当的建筑材料，对建筑所在地区光和热等资源进行科学系统的应用，尽量减少对自然环境及人们的生活舒适度造成的负面影响，降低建筑的能源消耗，从而使建筑室内热环境满足人体舒适度。

低能耗居住建筑的设计原则如下：

（1）建筑物供暖和制冷上尽量不使用一次性能源。

（2）在建筑技术上抓主要矛盾，以外墙、外窗、屋面为重点。

（3）充分考虑当地的经济基础、气候特征、生活方式和习惯等方面的因素，利用当地的建筑材料和资源等。

（4）低造价、高效率，使低能耗建筑技术具有在社会中普及应用的价值。

第2章　内蒙古农村牧区现状调研

2.1　气候特征与建筑热工区属

2.1.1　气候特征

内蒙古属典型的中温带季风气候，具有降水量少而不匀、寒暑变化剧烈的显著特点，冬季漫长而寒冷，供暖时间长，供暖天数在 140~225 d，冬季室外平均温度范围为 -15.2~-2.4 ℃，累年最低日平均温度分布在 -41.5~-21 ℃。1月最冷，月平均气温从南向北由 -8.7 ℃ 递减到 -28.4 ℃。夏季温热而短暂，多数地区仅有 1~2 个月，部分地区无夏季；最热月份在 7 月，月平均气温在 17.5~28.3 ℃，有的地区最高气温达到 36~43 ℃。气温变化剧烈，冷暖悬殊甚大。内蒙古部分旗县全年温度变化如图 2.1 所示。

内蒙古地区降水量受地形和海洋远近的影响，自东向西由 500 mm 递减为 50 mm 左右。蒸发量自西向东由 3000 mm 递减到 1000 mm 左右。与之相应，气候呈带状分布，从东向西由湿润区、半湿润区逐步过渡到半干旱区、干旱区。

2.1.2　建筑热工区属

内蒙古地区地势较高，属严寒地区，建筑热工设计时主要考虑冬季保温、防寒、防冻等，夏季气候较舒适，一般不考虑夏季防热，只要有良好的通风即可保证夏季室内的热舒适度；在研究建筑能耗时，重点是冬季供暖能耗，对夏季制冷能耗不做研究。根据内蒙古自治区工程建设地方标准《农村牧区居住建筑节能设计标准》（DBJ/T 03—78—2017），农村牧区居住建筑节能设计应与地区气候相适应，且根据不同采暖度日数（$HDD18$）范围，将内蒙古地区划分为三个建筑热工设计二级区划：严寒 A 区（1A）、严寒 B 区（1B）、严寒 C 区（1C）。[1]内蒙古主要城镇旗县热工区属如表 2.1 所示。

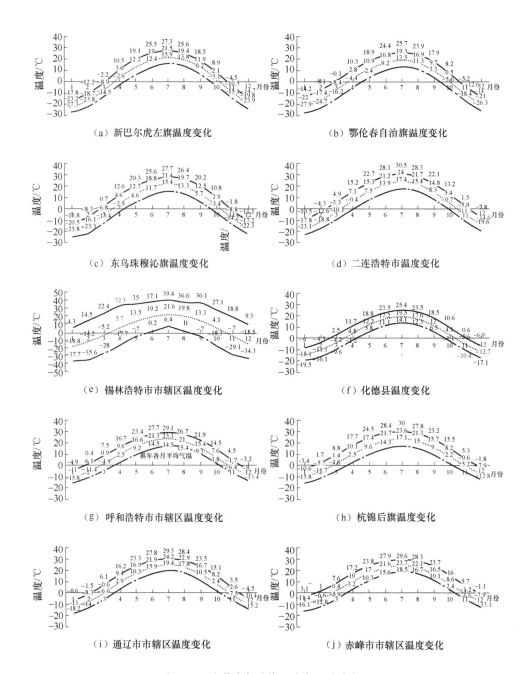

图 2.1 内蒙古部分旗县全年温度变化图

—— 累年各月平均最高气温 ⋯⋯ 累年各月平均气温 —·— 累年各月平均最低气温

表 2.1　内蒙古城镇旗县建筑节能设计热工区属

热工设计区划		区划指标	城镇旗县
严寒地区(1)	严寒 A 区(1A)	$HDD18 \geqslant 6000$	图里河,海拉尔,博克图,鄂温克旗,满洲里,牙克石,根河,额尔古纳,鄂伦春旗,新巴尔虎左旗,新巴尔虎右旗,阿尔山,那仁宝拉格
	严寒 B 区(1B)	$5000 \leqslant HDD18 < 6000$	扎兰屯,阿荣旗,莫力达瓦旗,扎赉特旗,霍林郭勒,克什克腾旗,锡林浩特,二连浩特,多伦,阿巴嘎旗,苏尼特左旗,太仆寺旗,镶黄旗,正镶白旗,正蓝旗,东乌珠穆沁旗,西乌珠穆沁旗,化德,察右中旗,卓资,商都,四子王旗,武川
	严寒 C 区(1C)	$HDD18 < 5000$	乌兰浩特,科右前旗,科右中旗,突泉,科尔沁区,扎鲁特旗,科尔沁左翼中旗,科尔沁左翼后旗,开鲁,库伦旗,奈曼旗,红山区,林西,巴林左旗,巴林右旗,阿鲁科尔沁旗,翁牛特旗,喀喇沁旗,敖汉旗,宁城,朱日和,苏尼特右旗,集宁,察右前旗,察右后旗,丰镇,凉城,兴和,呼和浩特,托克托,和林格尔,土默特左旗,清水河,满都拉,达尔罕茂明安联合旗,包头,土默特右旗,固阳,东胜,鄂托克旗,达拉特旗,准格尔旗,鄂托克前旗,杭锦旗,伊金霍洛旗,乌审旗,临河,乌拉特后旗,海力素,五原,杭锦后旗,乌拉特前旗,乌拉特中旗,磴口,乌海,额济纳旗,巴音毛道,吉兰泰,阿拉善左旗,阿拉善右旗

内蒙古主要城镇旗县建筑节能计算气象参数[14]如表 2.2 所示。

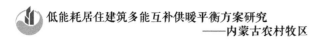
表 2.2　内蒙古主要城镇旗县建筑节能计算气象参数

城镇旗县	热工区属	气象站 北纬/°	气象站 东经/°	气象站 海拔/m	采暖度日数 HDD18/(℃·d)	空调度日数 CDD26/(℃·d)	天数 Z/d	室外平均温度 $\bar{t}_e$/℃	计算采暖期 太阳总辐射平均强度/(W/m²) 水平	南向	北向	东向	西向
图里河	1A	50.45	121.70	733	8023	0	225	−14.4	105	101	33	58	57
海拉尔	1A	49.22	119.75	611	6713	3	206	−12.0	77	82	27	47	46
博克图	1A	48.77	121.92	739	6622	0	208	−10.3	75	81	26	46	44
鄂温克旗	1A	49.09	119.45	621	6965	4	203	−13.6	77	82	27	47	46
满洲里	1A	49.34	117.26	662	6689	7	203	−12.2	83	90	29	51	49
扎兰屯	1B	48.00	122.90	307	5642	6	198	−9.9	75	81	26	46	44
牙克石	1A	49.17	120.42	669	7232	1	205	−14.1	77	82	27	47	46
根河	1A	50.47	121.31	717	7770	0	214	−15.0	105	101	33	58	57
额尔古纳	1A	50.28	120.06	663	7360	2	204	−15.2	105	101	33	58	57
阿荣旗	1B	48.08	123.29	236	5534	8	187	−8.9	75	81	26	46	44
莫力达瓦旗	1B	48.29	124.29	195	5823	7	188	−10.3	75	81	26	46	44
鄂伦春旗	1A	50.35	123.44	424	6633	1	207	−11.2	105	101	33	58	57
新巴尔虎左旗	1A	48.13	118.16	642	6483	12	201	−11.9	83	90	29	51	49
新巴尔虎右旗	1A	48.67	116.82	556	6157	13	195	−10.6	83	90	29	51	49
乌兰浩特	1C	46.07	122.08	263	4693	11	172	−7.3	89	94	31	54	52
阿尔山	1A	47.17	119.93	997	7364	0	218	−12.1	119	103	37	68	67

续表

城镇旗县	热工区属	气象站			采暖度日数 HDD18/(℃·d)	空调度日数 CDD26/(℃·d)	计算采暖期							
		北纬/°	东经/°	海拔/m			天数 Z/d	室外平均温度 $\bar{t_e}$/℃	太阳总辐射平均强度/(W/m²)					
									水平	南向	北向	东向	西向
科右前旗	1C	42.58	122.21	248	4458	9	163	−6.1	119	103	37	68	67
科右中旗	1C	45.03	121.28	250	4495	33	165	−6.3	105	112	36	63	60
扎赉特旗	1B	46.43	122.54	188	5023	20	169	−8.4	89	94	31	54	52
突泉	1C	45.23	121.35	312	4785	19	169	−7.1	105	112	36	63	60
科尔沁区	1C	43.60	122.27	180	4376	22	164	−5.7	105	111	35	62	60
扎鲁特旗	1C	44.57	120.90	266	4398	32	164	−5.6	105	112	36	63	60
科尔沁左翼中旗	1C	44.08	123.17	146	4617	22	164	−7.4	105	111	35	62	60
科尔沁左翼后旗	1C	42.58	122.21	248	4446	9	163	−6.2	104	109	35	60	59
开鲁	1C	43.36	121.17	241	4440	30	162	−6.3	105	111	35	62	60
库伦旗	1C	42.44	121.45	298	4230	20	161	−5.3	104	109	35	60	59
奈曼旗	1C	42.51	120.39	363	4319	27	161	−5.6	104	109	35	60	59
霍林郭勒	1B	45.32	119.40	824	5873	6	204	−8.5	104	106	34	59	58
红山区	1C	42.27	118.97	572	4196	20	161	−4.5	116	123	38	66	64
林西	1C	43.60	118.07	800	4858	7	174	−6.3	118	124	39	69	65
巴林左旗	1C	43.98	119.40	485	4704	10	167	−6.4	110	116	37	65	62
巴林右旗	1C	43.32	118.39	621	4692	16	165	−6.4	110	116	37	65	62

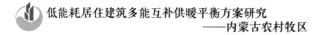

续表

城镇旗县	热工区属	气象站 北纬/°	气象站 东经/°	海拔/m	采暖度日数 HDD18/(℃·d)	空调度日数 CDD26/(℃·d)	天数 Z/d	室外平均温度 $\overline{t_e}$/℃	计算采暖期 太阳总辐射平均强度/(W/m²) 水平	南向	北向	东向	西向
阿鲁科尔沁旗	1C	43.53	120.03	374	4605	33	165	-6.8	110	116	37	65	62
克什克腾旗	1B	43.15	117.32	1003	5432	2	185	-7.9	118	124	39	69	65
翁牛特旗	1C	42.57	119.02	632	4614	13	163	-5.7	118	124	39	69	65
喀喇沁旗	1C	41.56	118.42	734	4293	10	162	-4.8	116	123	38	66	64
宁城	1C	41.36	119.21	547	4184	17	158	-4.9	96	103	35	56	55
敖汉旗	1C	42.17	119.55	588	4255	8	161	-5.0	116	123	38	66	64
锡林浩特	1B	43.95	116.12	1004	5545	12	186	-8.6	107	109	35	61	60
二连浩特	1B	43.65	112.00	966	5131	36	176	-8.0	113	112	39	64	63
朱日和	1C	42.40	112.90	1152	4810	16	174	-6.1	122	125	39	71	68
多伦	1B	42.18	116.47	1247	5466	0	186	-7.4	121	123	39	69	67
阿巴嘎旗	1B	44.02	114.95	1128	5892	7	188	-9.9	109	111	36	62	61
苏尼特左旗	1B	43.51	113.38	1037	5463	27	173	-9.8	109	111	36	62	61
苏尼特右旗	1C	42.45	112.38	1105	4864	26	167	-7.3	122	125	39	71	68
太仆寺旗	1B	41.53	115.16	1469	5646	0	191	-7.7	121	123	39	69	67
镶黄旗	1B	42.14	113.50	1322	5208	5	180	-7.3	122	125	39	71	68
正镶白旗	1B	42.18	115.00	1346	5553	2	189	-7.8	121	123	39	69	67

续表

城镇旗县	热工区属	气象站			采暖度日数 HDD18/(℃·d)	空调度日数 CDD26/(℃·d)	计算采暖期							
		北纬/°	东经/°	海拔/m			天数 Z/d	室外平均温度 $\bar{t}_e$/℃	太阳总辐射平均强度/(W/m²)					
									水平	南向	北向	东向	西向
正蓝旗	1B	42.14	116.00	1316	5586	1	200	-7.2	121	123	39	69	67
东乌珠穆沁旗	1B	45.52	116.97	840	5940	11	189	-10.1	104	106	34	59	58
那仁宝拉格	1A	44.62	114.15	1183	6153	4	200	-9.9	108	112	35	62	60
西乌珠穆沁旗	1B	44.58	117.60	997	5812	4	198	-8.4	102	107	34	59	57
集宁	1C	41.03	113.07	1416	4873	0	177	-5.4	128	129	41	73	70
化德	1B	41.90	114.00	1484	5366	0	187	-6.8	124	125	40	71	68
察右前旗	1C	40.48	113.18	1317	4669	2	167	-5.5	128	129	41	73	70
察右中旗	1B	41.17	112.37	1737	5710	0	203	-6.8	124	125	40	71	68
察右后旗	1C	41.27	113.11	1424	4990	2	178	-6.4	124	125	40	71	68
丰镇	1C	40.27	113.09	1192	4810	1	169	-6.3	119	124	39	67	66
卓资	1B	40.52	112.34	1452	5232	1	182	-6.8	116	122	37	65	64
凉城	1C	40.31	112.31	1257	4126	2	164	-5.5	116	122	37	65	64
商都	1B	41.34	113.33	1385	5040	1	179	-6.4	124	125	40	71	68
兴和	1C	40.53	113.52	1254	4786	1	170	-6.0	128	129	41	73	70
四子王旗	1B	41.32	111.41	1490	5123	2	180	-6.6	134	139	43	73	76
呼和浩特	1C	40.82	111.68	1065	4186	11	158	-4.4	116	122	37	65	64

续表

城镇旗县	热工区属	气象站			采暖度日数 HDD18/(℃·d)	空调度日数 CDD26/(℃·d)	计算采暖期		太阳总辐射平均强度/(W/m²)				
		北纬/°	东经/°	海拔/m			天数 Z/d	室外平均温度 $\bar{t}_e$/℃	水平	南向	北向	东向	西向
托克托	1C	40.16	111.11	1016	4043	18	153	-2.4	116	122	37	65	64
和林格尔	1C	40.23	111.48	1153	4452	9	160	-5.6	116	122	37	65	64
土默特左旗	1C	40.41	111.09	1020	4156	12	154	-5.0	116	122	37	65	64
清水河	1C	39.55	111.40	1187	4104	13	154	-4.3	120	126	38	64	67
武川	1B	41.05	111.28	1637	5223	1	183	-6.6	134	139	43	73	76
满都拉	1C	42.53	110.13	1223	4746	20	175	-5.8	133	139	43	73	76
达尔罕茂明安联合旗	1C	41.70	110.43	1337	4969	5	176	-6.4	134	139	43	73	76
包头	1C	40.58	110.00	1040	3845	12	150	-4.1	128	133	41	70	73
土默特右旗	1C	40.33	110.32	999	3972	10	152	-4.3	116	122	37	65	64
固阳	1C	41.02	110.03	1360	4805	5	167	-6.6	134	139	43	73	76
东胜	1C	39.83	109.98	1459	4226	3	160	-3.8	128	133	41	70	73
鄂托克旗	1C	39.10	107.98	1381	4045	9	156	-3.6	130	136	42	70	73
达拉特旗	1C	40.24	110.02	1011	4129	11	154	-4.9	128	133	41	70	73
准格尔旗	1C	39.52	111.13	1221	4101	13	153	-2.4	120	126	38	64	67
鄂托克前旗	1C	38.11	107.29	1333	3939	12	151	-3.7	130	134	42	70	73
杭锦旗	1C	39.51	108.44	1389	4315	7	158	-4.9	130	136	42	70	73

续表

城镇旗县	热工区属	气象站 北纬/°	气象站 东经/°	气象站 海拔/m	采暖度日数 HDD18/(℃·d)	空调度日数 CDD26/(℃·d)	计算采暖期 天数 Z/d	计算采暖期 室外平均温度 $\bar{t}_e$/℃	太阳总辐射平均强度/(W/m²) 水平	南向	北向	东向	西向
伊金霍洛旗	1C	39.34	109.44	1329	4245	5	158	-4.6	128	133	41	70	73
乌审旗	1C	39.06	109.02	1312	4317	4	158	-5.0	130	136	42	70	73
临河	1C	40.77	107.40	1041	3777	30	151	-3.1	122	130	40	69	68
乌拉特后旗	1C	41.57	108.52	1290	4675	10	173	-5.6	139	146	44	77	78
海力素	1C	41.45	106.38	1510	4780	14	176	-5.8	136	140	43	76	75
五原	1C	41.06	108.16	1023	4083	18	154	-4.7	122	130	40	69	68
杭锦后旗	1C	40.88	107.12	1057	3806	26	152	-4.3	122	130	40	69	68
乌拉特前旗	1C	40.44	108.39	1020	3885	41	142	-4.1	128	133	41	70	73
乌拉特中旗	1C	41.34	108.31	1288	4655	10	164	-6.4	136	140	43	76	75
磴口	1C	40.20	107.00	1055	3811	38	147	-4.0	137	149	44	75	78
乌海	1C	39.48	106.48	1106	3603	83	143	-4.1	132	140	43	71	76
额济纳旗	1C	41.95	101.07	941	3884	130	150	-4.3	128	140	42	75	71
巴音毛道	1C	40.75	104.50	1329	4208	30	158	-4.7	137	149	44	75	78
吉兰泰	1C	39.78	105.75	1032	3746	68	150	-3.4	132	140	43	71	76
阿拉善左旗	1C	38.50	105.40	1561	3739	25	144	-3.0	132	140	43	71	76
阿拉善右旗	1C	39.13	101.41	1510	3705	44	140	-3.5	132	142	43	74	75

2.2 农村牧区基本情况

2.2.1 农户家庭组成

通过对调研的农户家庭组织构成进行分析，发现内蒙古地区农村牧区家庭人数呈现多层次分布的特点。结合统计数据可以看出，农户家庭以一代户和二代户为主，其中二代户占比较大。调研统计结果如表 2.3 所示。

表 2.3 农户家庭类型比例统计

家庭类型	一代户	二代户	三代户	四代户
占比（%）	36.1	40.3	21.5	2.1

2.2.2 农户家庭生活、生产方式

从调研结果来看，农户家庭生活、生产方式主要有两种。一种是从事粮食、蔬菜等种植业，也饲养一些家禽家畜，其收入主要靠农业生产，从事这种生产方式的农户占内蒙古地区家庭类型的比例较大。另一种是从事畜牧业，以放牧为主。早期牧民随着季节更替形成了逐水草而居的生活、生产方式，但随着社会发展，牧民对物质、文化生活的要求越来越高，生产方式从游牧向半定居轮牧、定居舍养转变，在自身需求与政府推动下，形成了以冷季舍养与放牧相结合为主的生活、生产方式。由于受到自然条件、地理位置以及文化等因素的制约，内蒙古东、西部农村牧区的居住建筑特征存在一定的差异性，不同的生活、生产方式促使农牧区居住建筑形式也随之做出相应的调整。

2.2.3 生活习惯

农牧民的生活习惯与城镇居民有很大的不同。农村和牧区以家庭为单位从事农牧业生产，农牧民的生活方式比较单一，作息相对规律，保持着"日出而耕，日落而息"的模式。农牧民居住分散，以家族为单位聚居。居住建筑多采用火炕、火炉、土暖气等设备供暖。火炕是内蒙古地区农牧民普遍使用的供暖方式之一，供暖燃料为农作物秸秆、牛羊粪或煤炭。农牧民在日常生产、生活中需要频繁进出室内外，要定时喂养鸡、鸭、猪、羊等禽畜，还要到室外如厕等，每天要多次从室外向室内补充炊事、供暖所需的燃料。这些行为方式导致户门经常开闭，室内外空气频繁交换，加快了室内热量的散失，降低了室内温度。因而农牧民在室内的衣着普遍比城市居民厚暖，加上冬季大多数时间在家做一些杂活，

尤其是妇女家务劳动较多，新陈代谢率相对较高，可以产生更多的热量。

因此，农牧民室内供暖温度相对城镇居民所要求的 18 ℃会有所降低。《农村牧区居住建筑节能设计标准》（DBJ/T 03—78—2017）规定农村牧区居住建筑冬季室内热环境参数应取值 14 ℃。本研究将内蒙古农村牧区居住建筑冬季室内供暖温度设计为 15 ℃，这既是保证农牧民身体健康的需要，也是保证人们生活品质的基本需要。

2.2.4 居住情况

随着内蒙古农牧民收入的提高，生活条件得到较大的改善，其居住建筑的面积也在不断增加，建筑材料不断改善，对室内热舒适度的要求也不断提高。1995 年农牧民人均住房面积为 15.3 m²，到 2017 年农牧民人均住房面积为 27.86 m²，约是 1995 年的 1.82 倍[14]（见图 2.2）。因此，在设计清洁供暖平衡方案时，一般选择面积相对较大的户型，以满足农牧民日益提高的住房需求。

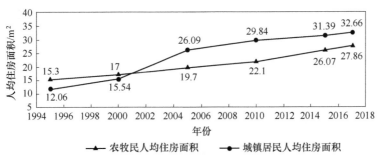

图 2.2 人均住房面积变化

2.3 农村牧区居住建筑现状调研

2.3.1 调研地点及内容

课题组对内蒙古严寒 B 区、严寒 C 区农村牧区共 21 个乡村、嘎查进行了大量调研，调研内容主要包括：①居住建筑及居住环境；②农牧民冬季供暖方式；③清洁能源供暖现状。调研情况汇总于表 2.4、表 2.5，这些翔实资料为内蒙古严寒 B 区、严寒 C 区农牧民居住建筑的低能耗优化设计和清洁供暖方案的研究奠定了良好基础。

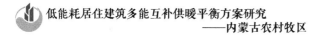

表2.4　内蒙古严寒B区部分农牧民现状住宅及供暖情况调研汇总

盟市	乡村、嘎查	墙体 结构形式及比例	墙体 厚度/mm	墙体 传热系数 [W/(m²·K)]	外窗 形式及比例	外窗 传热系数 [W/(m²·K)]	外门 形式及比例	外门 传热系数 [W/(m²·K)]	屋顶 形式及比例	屋顶 传热系数 [W/(m²·K)]	供暖方式	供暖燃料	有无附加阳光间及占比	是否有专用门保温
赤峰市	克什克腾旗达日罕乌拉苏木乌拉苏大嘎查	土坯，5%；黏土实心砖，95%	400；370	1.368；1.513	双玻单框铝合金，80%；双玻单框塑料窗，10%；单玻双框钢窗，10%	3.000；2.900；3.900	保温防盗门，85%；单层木门，3%；双玻木门，12%	1.760；5.000；2.500	双坡瓦屋面，100%	1.527	大火炕、火炉	煤炭、牛羊粪、薪柴	有，55%	无
锡林浩特市	南郊办事处马鸟图社区奶牛村	黏土实心砖，100%	370	1.513	单层木窗，10%；双玻单框钢窗，50%；双玻单框塑料窗，40%	4.700；3.900；2.900	单层木门，60%；双玻塑料门，30%；保温防盗门，10%	5.000；2.500；1.760	双坡彩钢屋面，20%；双坡瓦屋面，80%	0.684；1.527	土暖气、火炉	煤炭、薪柴	有，25%	无
锡林郭勒盟	正镶白旗陶林宝拉格苏木钦敦包嘎查	土坯，5%；石头+砖，20%；黏土实心砖，75%	400；370+240；370	1.368；1.202；1.513	单层木窗，5%；单玻双框塑料窗，25%；双玻单框塑料窗，70%	4.700；3.900；2.900	单层木门，15%；双玻塑料门，15%；单玻钢门，70%	5.000；2.500；6.500	双坡瓦屋面，100%	1.527	大火洞、火炕、火炉、土暖气	煤炭、牛羊粪	有，50%	无
锡林郭勒盟	东乌珠穆沁旗阿木古朗布拉格嘎查	黏土实心砖，80%	370	1.513	双玻单框塑料窗，80%；单玻双框塑料窗，20%	2.900；4.700	保温防盗门，25%；双玻塑料门，75%	1.760；2.500	双坡瓦屋面，100%	1.527	大火洞、火炕、火炉	煤炭、牛羊粪	有，20%	无
乌兰察布市	集宁卓资县小苏计村	黏土实心砖，60%；黏土多孔砖，40%	370；300	1.51；1.499	单玻双框钢窗，100%	3.900	双层木门，100%	2.500	双坡瓦屋面，100%	1.527	大火洞、火炕、火炉、土暖气	煤炭、薪柴	无	无

表2.5　内蒙古严寒C区部分农牧民现状住宅及供暖情况调研汇总

盟市	乡村、嘎查	建筑类型	有无门斗	屋顶形式及比例	外墙材料	供暖方式
乌兰察布	凉城县六苏木乡大坊村	联排式	无	双坡瓦屋面，100%	黏土砖	直洞式火炕、火炉、土暖气
呼和浩特	和林格尔县舍必崖村、董家营村	联排式	无	双坡瓦屋面，90%；双坡彩钢屋面，10%	黏土砖	直洞式火炕、火炉
	清水河县杨家营村、朔州营村	联排式	无	双坡瓦屋面，100%	黏土砖	直洞式火炕、火炉
包头	东河区河东乡壕赖沟村、河北村	联排式	无	双坡瓦屋面，100%	黏土砖	直洞式火炕、火炉
	九原区麻池镇麻池7村	联排式	无	双坡瓦屋面，100%	黏土砖	直洞式火炕、火炉
鄂尔多斯	伊金霍洛旗红庆河乡布连图村	联排式	无	双坡瓦屋面，100%	黏土砖	直洞式火炕、火炉
	杭锦旗陶赖嗷村	联排式	无	双坡瓦屋面，100%	黏土砖	直洞式火炕、火炉
	鄂托克前旗敖镇查干巴拉素嘎查	独立式	有，15%①	双坡瓦屋面，100%	黏土砖	热水炕、土暖气
巴彦淖尔	乌拉特前旗新华村新华村玉五社	联排式	无	双坡瓦屋面，85%；双坡彩钢屋面，15%	黏土砖	直洞式火炕、火炉
	杭锦后旗蛮会镇南渠乡、四支乡	联排式	无	双坡瓦屋面，100%	黏土砖	直洞式火炕、火炉
乌海	下海勃湾镇中洞源村、绿源村	联排式	无	双坡瓦屋面，100%	黏土砖	热水炕、土暖气
阿拉善	左旗召素陶勒盖嘎查	联排式	无	双坡瓦屋面，100%	黏土砖	直洞式火炕、火炉
赤峰	喀喇沁旗锦山镇梨树河村	独立式	有，4%①	双坡瓦屋面，100%	黏土砖	直洞式火炕、土暖气
	奈曼旗大沁他拉镇道劳代村	独立式	有，78%①	双坡瓦屋面，100%	黏土砖	直洞式火炕、土暖气
通辽	开鲁县小街基镇双兴村	独立式	有，80%①	双坡瓦屋面，80%；双坡彩钢屋面，20%	黏土砖	直洞式火炕、火墙、土暖气
兴安盟	科右中旗额木庭高勒苏木兴安嘎查	独立式	无	双坡彩钢屋面	黏土砖	直洞式火炕、火墙土暖气

①指该地区建有门斗的居住建筑个数占所有居住建筑的比例，余同。

调研发现，农村牧区居住建筑因建造年代的不同，建筑面积和材料有很大的不同，发生了很大的变化。早期建筑面积小，建筑材料质量差，建筑空间设置和室内热环境差异较大。自 20 世纪 90 年代初开始，随着社会生产力和经济的增长，农牧民住宅结构材料基本都使用烧结实心黏土砖砌筑，厚度主要为240～370 mm。屋面形式也由草泥屋面发展为红色大瓦屋面。相对于原来的土坯墙和草泥屋面，现在的砖墙瓦屋面坚固性更好，厚度减小，保温性能得到了一定的提高。门窗的形式也大不一样，由早期的单层木窗、双层木窗、单玻双框钢窗、单玻单框钢窗，发展为双玻单框塑料窗、双玻单框铝合金窗等。近几年，新建住宅门窗的气密性较以前改善了很多。地面形式多样，有水磨石地面、混凝土地面和烧结陶瓷面砖地面等形式，对改善室内热环境和降低供暖能耗有一定的帮助。

近年来，部分农牧民为了降低供暖能耗、提高室内热环境，同时提供良好的晾晒空间，在住宅南侧加建附加阳光间，对住宅进行被动式节能改造。因缺乏相关专业知识和科学指导，虽然对改善室内热环境和降低供暖能耗有一定的帮助，但是未能从根本上解决"高能耗、低舒适"的问题。

2.3.2 严寒 B 区住宅平面布局

通过对内蒙古严寒 B 区农村牧区部分乡村、嘎查常见户型平面进行统计，发现因住宅建造年代不同、经济发展水平不同，建筑材料、建筑面积和空间构成也不同。20 世纪 90 年代以后，新建住宅虽然仍为农牧民自行建造，但是建筑材料由土坯砖改为烧结黏土实心砖，开始了纯砖房的建造，并且对住宅功能也进一步细化，促进了住宅空间的发展。现有住宅基本为烧结黏土实心砖房，与之前住宅相比，面积有了进一步的扩大，功能空间进一步完善，辅助空间开始出现。建筑的牢固性和稳定性有了进一步的提高。内蒙古严寒 B 区部分农牧民现状住宅平面调研汇总分析如表 2.6 所示。

2005 年以后，内蒙古严寒 B 区部分农牧民在住宅南侧加建附加阳光间，对住宅进行被动式节能改造。附加阳光间冬季白天在太阳的照射下有良好的集热性能；晚上虽然失热比较快，但也为住宅室内的热量保持形成有效的缓冲空间，提高了住宅室内的热稳定性。同时，附加阳光间也为农牧民晾晒乳制品、牛肉干、衣物等提供了空间。

表2.6　内蒙古严寒B区部分农牧民现状住宅平面调研汇总

调研地点	赤峰市克什克腾旗	平面形态	东西并列三开间（建于20世纪90年代初期）	此平面形态所占比例	40%

平面特点	从20世纪90年代开始，新建的房子普遍采用砖砌墙。住宅有两种尺寸形式，一种是长9.9m，宽6m；另一种是长9.9m，宽8m。建筑平面空间布局与之前土坯房相同，三开间东西排布。东西两侧为带火炕的卧室，中间为过厅兼顾厨房功能。增加了门斗设计，减少冷风的直接侵入
存在问题	房间进深过大，与土坯建筑三开间基本没有大的差别，只是建造材料发生了改变

调研地点	赤峰市克什克腾旗	平面形态	围绕客厅布置（建于21世纪初）	此平面形态所占比例	55%

续表

调研地点	赤峰市克什克腾旗	平面形态	围绕客厅布置 （建于 21 世纪初）	此平面形态 所占比例	55%
平面特点	2005 年开始，随着居住条件逐渐改善，使用面积逐渐增加，功能空间更加完善，火炕在家中的设置数量在减少。 主入口设在建筑南侧，平面近似正方形，与之前建筑相比，增大了客厅面积，减小了卧室面积；分设厨房和餐厅功能，并围绕客厅布置。东西侧不设窗，北侧设两个小窗，南侧设大面积采光窗。 附加阳光间从 2005 年开始加建，主要结构是单层玻璃钢框架。先用烧结黏土实心砖砌筑大约高 700 mm 的矮墙，墙外水泥抹面，然后在上面搭建钢构玻璃阳光间。顶部做法不同，有的是彩钢板，有的是玻璃。阳光间面积最大 10 m², 为农牧民晾晒提供必要的空间，冬季为建筑集热				
存在问题	房间尺度设计缺乏科学性，面积大小不合理，功能不完善，部分生活空间设于北侧，室内热环境较差。 附加阳光间与房屋连接处会漏雨，顶部冬季易积雪，夏季因阳光照射，阳光间内温度过高；冬季因玻璃面积过大，传热系数大，散热快，温度较低				
调研地点	锡林郭勒盟正镶白旗	平面形态	三开间五室 （砖 + 石）	此平面形态 所占比例	20%

平面特点	建筑平面近似正方形，两堵南北墙将建筑内部空间划分为三部分，每个开间内的东西隔墙又将大进深空间分割成南北两个房间。相较于 20 世纪 70 年代和 80 年代早期的居住建筑，建筑空间在原有的基础上进一步分割和细化。北侧空间作为厨房、餐厅、储物间等辅助功能房间，南侧空间为客厅和卧室
存在问题	平面功能空间不够完善，存在功能空间缺失的问题。在夏季阳光强烈照射下，附加阳光间正午前后时间段温度过高

调研地点	乌兰察布卓资县	平面形态	前后两进深 （建于21世纪初）	此平面形态 所占比例	60%

平面特点	目前该户型是本地区典型户型，其他户型只是与该户型在面积和部分房间布置上有所差别，但整体布局一致。该户型是住宅的一个单元，整栋住宅是由多个这样的住宅单元东西向拼接而成，体形系数小，对节能有利。该户型南北分区布置，客厅兼顾卧室和餐厅，内设火炕，供暖季农牧民大部分时间在火炕上度过，火炕也成为进餐空间，符合当地气候下的农牧民生活方式
存在问题	客厅空间设置较大，兼顾卧室和餐厅功能使用，内设火炕，不利于夜间火炕周边位置的热环境稳定。北侧房间面积偏小，使用不便捷

调研地点	锡林郭勒盟锡林浩特市	平面形态	三开间两进深 （建于21世纪初）	此平面形态 所占比例	20%

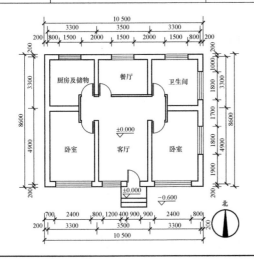

29

续表

调研地点	锡林郭勒盟锡林浩特市	平面形态	三开间两进深 (建于21世纪初)	此平面形态 所占比例	20%
平面特点					

调研地点	锡林郭勒盟正镶白旗	平面形态	三开间两进深 (建于21世纪初)	此平面形态 所占比例	10%

平面特点（第一个表格）：该建筑是2015年开始建造的，建筑平面长宽比为7:6。建筑呈三开间布置，每个开间被一堵东西墙分隔成南北两个房间，北侧为厨房、餐厅和卫生间等辅助功能房间；南侧为客厅和卧室。建筑外墙为烧结实心黏土砖清水墙，西墙未开设任何形式窗户；北墙根据开间开设三个为1.5 m×1.2 m的双玻塑料窗，窗户的气密性较好；东墙开设两个1.8 m×1.4 m的双玻塑料窗，开窗面积较大；南墙开窗面积较大，设有两个2.4 m×1.7 m的塑料窗、一个1.2 m×1.7 m的塑料窗和一个带有亮子的0.9 m×2.6 m的双玻塑料门，窗墙面积比为0.34，有利于冬季阳光直接照射到室内，增加了主要使用空间的得热量

存在问题：功能性房间缺失。南向房间进深过大，不利于冬季阳光直射室内蓄热

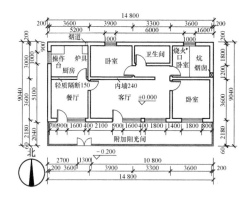

平面特点	该建筑建造于2015年，建筑面积为133.8 m²，该类型建筑约占本村10%。该建筑建造年代较晚，目前建筑状况较好，相对于之前的建筑，功能趋于复杂。建筑平面长宽比为5:3，建筑房间开间较大，进深小，北侧房间从西向东依次为厨房、卧室、卫生间及带有火炕的卧室，主卧、客厅和餐厅位于建筑南侧；建筑净高2.4 m，冬季阳光可以轻易照射进南向的主要使用房间。建筑主体西侧开设一个1.0 m×1.0 m的双玻塑料窗，气密性比较好；北侧开设两个1.0 m×1.0 m的双玻塑料窗，南侧窗户面积很大，窗墙比为0.65，在附加阳光间的遮盖下，有利于建筑白天集热；相对于外饰面贴瓷砖的南墙，北、西、东墙体的气密性较差。住宅南侧加设了单玻钢框附加阳光间，覆盖住宅南墙90%，冬季白天得热性能较好，虽然晚上的失热速度也很快，但为建筑室内失热形成了缓冲空间，提高了室内热稳定性能

存在问题	东北角卧室、客厅北侧卧室和西南角餐厅位置设置不当，客厅面积过大

2.3.3 严寒 C 区住宅平面布局

内蒙古严寒 C 区农村牧区居住建筑大多选取地势平坦、开阔的地点进行建造，居住建筑以农牧民自建为主，缺乏规划设计。自 2014 年起，内蒙古自治区推进新农村、新牧区建设，20 世纪四五十年代建造的破旧住宅迅速得到改善。居住建筑多以独立院落联排的形式存在（见图 2.3），普遍建有西厢房、东厢房，院落形式为三合院或四合院。主要居住建筑位于院落北侧，称为"正房"，东西厢房用于储藏农作物及日常生活用品（见图 2.4）。部分居住建筑设计有门斗双层门，能够减少室外冷空气的直接进入，但未设置阳光间。

图 2.3 居住建筑布局

图 2.4 居住建筑院落形式

通过对内蒙古严寒 C 区农村牧区部分乡村、嘎查常见户型平面进行调查统计，发现因家庭结构和经济条件不同，居住建筑面积大体分为三种，2 人及 2 人以下的居住建筑面积一般小于 70 m²，3~4 人的居住建筑面积一般为 70 ~ 110 m²，家庭成员多于 4 人的建筑面积大于 110 m²，或是在同一院落中布置两个独立的居住区域，老人和儿女分开居住。近几年，农牧民居住建筑虽有所发展，但仍存在很多问题，如表 2.7 所示。

表 2.7　内蒙古严寒 C 区农村牧区居住建筑平面布局

调研地点	乌兰察布市凉城县六苏木乡大圪塄村	调研地点	呼和浩特市清水河县杨家窖村
建筑面积	46.95 m²	建筑面积	76.43 m²
存在问题	厨房和卧室没有彻底隔开，受油烟影响大	存在问题	（1）冷热分区不明确，次卧位于建筑北侧，舒适性较差。 （2）建筑北侧没有开窗，单侧开窗导致室内空气质量较差
调研地点	包头市九原区麻池镇麻池 7 村	调研地点	包头市东河区河东乡壕赖沟村
建筑面积	66.96 m²	建筑面积	91.17 m²
存在问题	（1）次卧位于建筑西北角，受冬季西北风环境影响较大。 （2）无餐厅空间	存在问题	次卧位于北侧，受环境影响较大

调研地点	鄂尔多斯市杭锦旗陶赖沟村	调研地点	鄂尔多斯市杭锦旗陶赖沟村
建筑面积	91.17 m²	建筑面积	113.58 m²

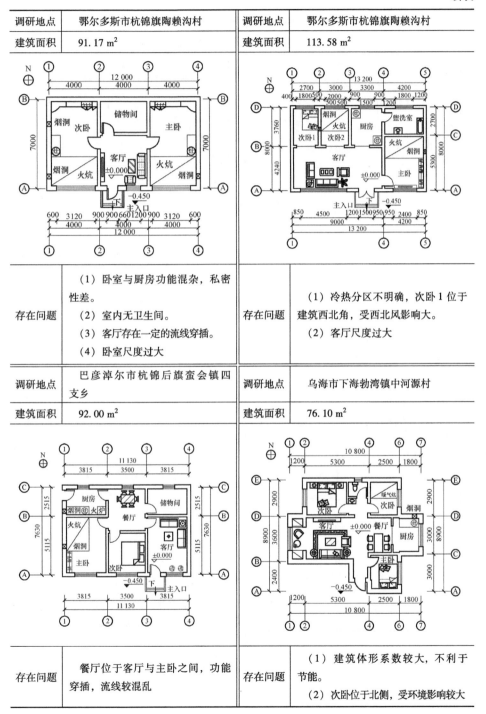

存在问题	（1）卧室与厨房功能混杂，私密性差。 （2）室内无卫生间。 （3）客厅存在一定的流线穿插。 （4）卧室尺度过大	存在问题	（1）冷热分区不明确，次卧1位于建筑西北角，受西北风影响大。 （2）客厅尺度过大
调研地点	巴彦淖尔市杭锦后旗蛮会镇四支乡	调研地点	乌海市下海勃湾镇中河源村
建筑面积	92.00 m²	建筑面积	76.10 m²
存在问题	餐厅位于客厅与主卧之间，功能穿插，流线较混乱	存在问题	（1）建筑体形系数较大，不利于节能。 （2）次卧位于北侧，受环境影响较大

续表

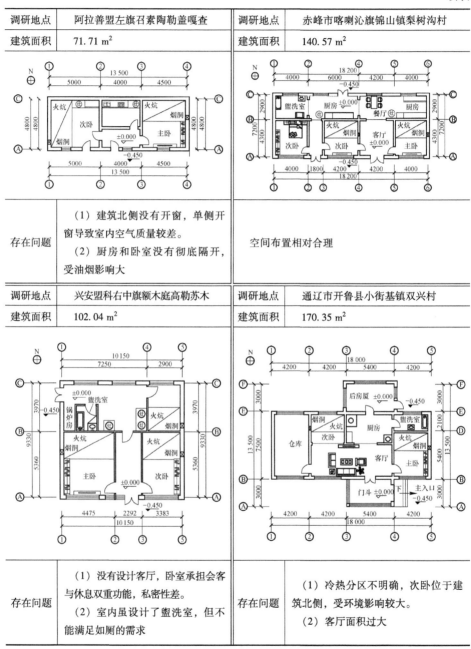

调研地点	阿拉善盟左旗召素陶勒盖嘎查	调研地点	赤峰市喀喇沁旗锦山镇梨树沟村
建筑面积	71.71 m²	建筑面积	140.57 m²
存在问题	（1）建筑北侧没有开窗，单侧开窗导致室内空气质量较差。 （2）厨房和卧室没有彻底隔开，受油烟影响大	存在问题	空间布置相对合理
调研地点	兴安盟科右中旗额木庭高勒苏木	调研地点	通辽市开鲁县小街基镇双兴村
建筑面积	102.04 m²	建筑面积	170.35 m²
存在问题	（1）没有设计客厅，卧室承担会客与休息双重功能，私密性差。 （2）室内虽设计了盥洗室，但不能满足如厕的需求	存在问题	（1）冷热分区不明确，次卧位于建筑北侧，受环境影响较大。 （2）客厅面积过大

2.4 住宅外围护结构

2.4.1 外墙

现有农村牧区居住建筑外墙类型主要为土坯墙、土坯 + 砖墙、黏土实心砖墙、黏土空心砖墙、保温墙等，但土坯墙、保温墙较少，以砖墙为主（见表2.8）。

表 2.8 农村牧区居住建筑外墙类型比例统计

墙体类型	土坯墙	土坯 + 砖墙	砖墙	保温墙
占比	3%	16%	76%	5%

（1）土坯墙：这是 1980 年以前常见农宅的墙体类型，采用石、泥土混合秸秆稻草，墙体裸露，不加饰面材料，室内采用纸糊墙面。近几年，在新农村改造中，土坯房被列为危房，属需拆除类型，已无翻修改造的价值，仅存不多的土坯房也已无人居住。

（2）土坯 + 砖墙：采用这类墙体类型的农宅建造于 1980 ~ 1990 年，这类农宅介于土坯房和砖瓦房之间，一般正房南向及山墙前 370 mm 或 490 mm 为黏土砖墙，也有农宅外裱一层砖，除此之外围护结构与土坯房基本相同。墙体外部无饰面材料，内部使用石灰砂浆抹面。

（3）砖墙：20 世纪 80 年代，随着社会生产力和经济的增长，烧结黏土实心砖开始在建筑中使用。近几年，使用空心砖墙的越来越多。墙体为 240 mm 或 370 mm 黏土砖墙，外饰面一般为清水砖墙；滚涂料或贴砖；内饰面为水泥砂浆抹面、白腻子、烧结陶瓷面砖等。墙体传热系数大，热惰性指标小，保温性能差。砖墙是目前内蒙古农村牧区居住建筑中普遍采用的类型，因此在此后的研究中，以此类墙体作为典型农宅进行采暖期能耗研究。

（4）保温墙：2000 年以后，随着建筑节能的推广和新农村改造的展开，新结构和新材料逐步应用于农宅的建造。增加墙体保温层，包括聚苯乙烯塑料泡沫板外保温层和内保温层。严寒 A 区部分农宅还使用装配式保温砌块作为外保温层，农宅外立面水泥抹灰或贴砖；严寒 B 区部分牧区住宅加设附加阳光间，将其与门斗结合起到双层门的效果，有效降低冷风渗透。总体来讲，保温性能远大于前三类农宅，室内热舒适度方面有明显的提升。

2.4.2 屋面

内蒙古农村牧区居住建筑一般为双坡屋面形式，高度一般在 1.2 ~ 1.5 m，坡度略有不同，坡长受住宅宽度的影响。当地居住建筑的传统构造做法是屋面用三角架支撑，使用木材、芦苇秆、竹条、胶泥 – 小麦秸秆等材料分层铺设。以前的老建筑屋面是用胶泥平铺，屋檐部分铺有瓦当，以便排水。后来逐渐用红瓦全铺，造型美观，排水及防漏作用更加明显。近几年，有部分农宅使用了彩钢保温屋面。这两种屋面牢固性和稳定性都比黏土屋面要好，只是保温性能有所降低，如图 2.5 所示。

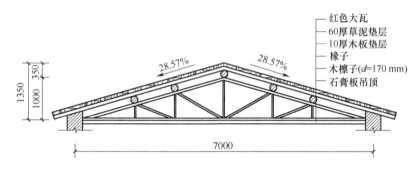

图 2.5 内蒙古农村牧区居住建筑屋面构造

2.4.3 门窗

20 世纪 50 年代所建的房屋大多使用的是木窗、木门。1985 年前后建造的黏土实心砖农宅大多使用钢窗、铁皮包木门，门窗保温性差、气密性差，冷风渗透强。2014 年"十个全覆盖"工程实施以后，农村牧区居住条件有了较大改善，居住建筑普遍使用铝合金窗和保温防盗门，门窗气密性增强，保温性能也有所提高，如图 2.6 所示。

2.4.4 地面

地面材料较为简单，老旧的房屋就是简单的夯实土壤上平铺砖块，逐渐发展成为夯实土壤上用水泥砂浆找平后铺装水磨石地板砖。现在的地面做法一般为夯实土壤上用混凝土硬化，然后用水泥砂浆找平后铺装陶瓷地板砖。现有农牧民住宅地面均未设置保温层。

（a）木窗

（b）双层钢窗

（c）双层铝合金窗

（d）木门

（e）铁皮包木门

（f）保温防盗门

图 2.6　内蒙古农村牧区居住建筑门窗

2.4.5　外围护结构调研统计

对内蒙古农村牧区居住建筑外围护结构的调查统计结果如表 2.9 所示。对比发现，现状居住建筑外围护结构传热系数远低于《农村牧区居住建筑节能设计标准》（DBJ 03—78—2017）的相关规定，保温性能差，冷辐射明显，热舒适度不足。

表 2.9　内蒙古农村牧区居住建筑外围护结构构造层次及热工性能

部位	详细构造	比例（%）	传热系数/$[W/(m^2 \cdot K)]$	标准限定[1] 传热系数/$[W/(m^2 \cdot K)]$	
外墙	10 mm 水泥砂浆 + 370 mm 黏土实心砖 + 10 mm 石灰砂浆	54	1.53	0.40	严寒 A 区
				0.45	严寒 B 区
	10 mm 水泥砂浆 + 370 mm 黏土空心砖 + 10 mm 石灰砂浆	46	1.36	0.50	严寒 C 区
外门	单层木门	53	4.70	2	
	铁皮包木门	12	3.60		
	保温防盗门	35	1.85		

续表

部位	详细构造	比例 (%)	传热系数/ [W/(m² · K)]	标准限定[1] 传热系数/[W/(m² · K)]	
外窗	单框双玻钢窗	7	3.90	2.2	南向
	单框双玻铝合金窗	93	3.10	2.0	其他向
屋面	红瓦+60 mm 草泥垫层+10 mm 木板垫层+椽+木檩条+石膏板吊顶	90	0.94	0.30	严寒 A 区
	彩钢瓦+60 mm 草泥垫层+10 mm 木板垫层+椽+木檩条+石膏板吊顶	10	0.684	0.35	严寒 B 区
				0.40	严寒 C 区
地面	地砖+50 mm 水泥砂浆+40 mm 碎石垫层+素土夯实	100	0	地面保温材料层热阻 R/[(m² · K)/W]	
				2.20	严寒 A 区
				1.60	严寒 B 区
				1.10	严寒 C 区

2.5　供暖方式及供暖燃料

　　内蒙古农村牧区冬季供暖以传统方式为主，一般为分散式供暖，即以家庭为单位的间歇式供暖。供暖方式包括火炕、火墙、土暖气，其中火炕的使用率达到90%以上。内蒙古严寒 B 区农村牧区使用的主要是大花洞式火炕，严寒 C 区普遍使用的是直洞式火炕。供暖燃料为农作物秸秆、薪柴、牛羊粪或煤炭。

　　（1）火炕供暖。火炕一般采用黏土砖砌筑，炕底填充炉渣混凝土作为蓄热层，炕面板上铺设加草黏土。火炕供暖是利用炊事炉灶产生的高温烟气在炕洞中流动，炕体吸热温度上升而后逐步散热的一种供暖方式。火炕有两种使用方式，一种与灶台组合，利用炊事余热进行供暖；另一种无灶台，燃料直接在火炕内燃烧供暖。火炕是目前内蒙古农村牧区居住建筑中使用量最大、最普遍的供暖设施之一，因此，以使用火炕的农牧民典型住宅为例进行供暖期能耗研究。

　　（2）火墙供暖。火墙供暖的热源与火炕供暖相同，都来源于高温烟气，火墙内部高温烟气加热砖砌筑的火墙墙体，依靠热辐射对农宅进行加热。火墙的热源布置在建筑的端部，与炉灶相连。

　　（3）土暖气供暖。随着农牧区居住建筑面积的扩大和农牧民对热舒适度要求的提升，只靠火炕供暖难以满足农牧民住宅冬季供暖需求，部分农牧民安装了土暖气。土暖气即住户在自家使用小型锅炉加热水，利用热水循环达到加热房间的目的。

调研发现：

（1）农牧民大多数使用的传统供暖设施火炕，其高温烟气主要分布在炕头处，"炕头热，炕梢冷"现象普遍，存在热舒适度差、热效率低等问题。

（2）大部分住宅采用组合式供暖，但供暖效果不理想，供暖能耗较高，室内热量分布不均匀，热环境差；极少采用清洁能源供暖。

（3）供暖以传统能源——煤炭和当地生物质能（薪柴、牛羊粪、秸秆等）为主，采用直接燃烧的粗放使用方式，热效率低；产生大量烟尘和余灰，污染环境；在夜间需要多次添加燃料，使用不便。

本篇总结

重点对内蒙古严寒 B 区、严寒 C 区部分农村牧区典型居住建筑进行实地调研，对建筑平面形式、围护结构构造、供暖状况、居民生产生活方式进行记录和归纳，对存在的问题进行分析和总结，为典型农宅的确定、低能耗优化设计及多能互补供暖方案的研究奠定了基础。

（1）内蒙古严寒 B 区农牧民居住建筑面积大多在 80～140 m^2，内蒙古东部严寒 C 区农牧民居住建筑面积相对较大，以 90～140 m^2 居多，部分居住面积达到 170 m^2；位于中西部严寒 C 区农牧民居住建筑面积较小，大多在 70～110 m^2。

（2）住宅内部空间布局依靠传统经验，与农牧民的生产、生活方式符合度低，主要有平面布局设计不够合理，空间的利用率低且分区不明确，存在一空间多用、大空间小用、小空间不够用和功能空间缺失等问题；大部分居住建筑冷热分区不明确，房间进深过大、面积配置过小、位置设置不当，如次卧位于建筑北侧，造成次卧冬季易受寒风影响且无法获得日照，室内温度低；部分居住建筑厨房和卧室没有隔断，导致卧室油烟大；室内虽设计了盥洗室，但不能满足室内如厕的需求；空间划分不合理，导致私密性差、部分流线交叉、洁污分区不明显等问题；21 世纪前建造的住宅问题尤其突出。

（3）建造施工是由非专业的居住者本人、亲属和村民等根据传统经验完成，规范性差，外围护结构保温、气密性差。居住建筑外墙、屋面、地面缺乏保温措施，门窗气密性较差，冷空气渗透现象严重。窗帘的遮温性能差，夜晚窗户冷辐射强度较大，不利于室内热环境维持，住宅室内的私密性也降低。

（4）供暖方式主要为火炉、火炕和土暖气，火炕的使用率为 90% 以上。

（5）分散式间歇性供暖，热效率低、能耗大，且存在倒烟现象，供暖能源为煤炭、薪柴、牛羊粪、秸秆等，热效率低，污染严重。冬季供暖耗能量大，室内热舒适度不足。

（6）部分住宅南侧加建附加阳光间，用以防止冬季室外冷空气直接进入室内，但没有科学的规范作指导。附加阳光间进深设计过大，不利于冬季阳光直射入室内为住宅蓄热，且夜间散热量大。

（7）部分住宅使用太阳能热水系统来满足室内生活热水的需求，但没有用于住宅冬季供暖，可再生能源清洁供暖使用率很低。

（8）部分住宅北侧没有开窗，只在单侧开窗，室内空气流通不畅，质量较差。

随着农牧民生活的日益富裕，他们对居住建筑的热舒适度也有了更高的要求，这也导致了农村牧区供暖方式以及供暖燃料发生了变化，同时也增加了供暖能耗。降低农牧区建筑供暖能耗、提高能源使用效率、提升农牧民生活环境品质已成为乡村振兴战略的重要内容。虽然近年来农村牧区出现了多种可供选择的供暖方式，如燃煤的土暖气和火炉、户用生物质气化炉等，但这些方式要么完全依靠煤、电等商品能源，要么需要成本高昂的生物质能转换设备，能源消耗较大，成本较高。我国北方农村牧区人口众多，住户分散，且居住建筑面积大，无法进行集中供暖。目前，我国北方农村牧区主要的供暖方式仍然以火炕为主。火炕具有悠久的历史，是我国北方劳动人民为抵御严寒、改善室内热环境而发明创造出的一种既可用于睡眠又可供热的设施。

传统火炕是一种较好的利用能源对室内进行供暖的设施，通常采用泥坯或砖块砌筑而成，是一种具有特色的分散式供暖形式。炉灶产生的高温烟气经烟道将热量扩散，通过炕体将烟气热量散入室内进而提高室温。火炕的使用至今已有2700多年的历史。其优点是：①搭建方便，农牧民可以根据经验自行建造，不需要特定的规程制度；②就地取材，火炕的搭建材料主要以土坯、砖为主；③燃料来源广泛，火炕使用的燃料较为普遍，如稻草、树枝、秸秆等。在人们的日常生活中，火炕既可以供暖，同时又能煮饭，是一种经济实用的室内炊事和供暖设施。在内蒙古的广大农村牧区甚至城市周边地区的一些人家都可见到火炕，其使用率高达90%以上。根据2018年《内蒙古自治区第三次全区农牧业普查主要数据公报》的统计数据[16]，内蒙古地区2016年年底大约有11 885个村，其中，11 113个行政村，772个涉农牧居委会；49 203个自然村；1369个2006年以后新建的农村牧区居民定居点。农牧业经营户约345万户，按照平均每户家庭1~2铺炕，全区有350万~690万铺炕。

火炕在内蒙古农村牧区住宅中，仍然是主要供暖方式之一。然而传统火炕的搭建主要依据民间经验，缺乏科学理论的指导和先进技术的支持，存在较多问题，如炕面温度不均匀、室内温度不高、热效率低、降温快等；在健康方面，由于炉灶内燃料燃烧引起室内空气污染会导致某些疾病等。

在一些农村乡镇，因为火炕的不卫生等因素逐渐减少了对火炕的使用而选择床作为睡眠工具。但是在内蒙古广大农村牧区，人们已经习惯于使用火炕这一具有独特文化的供暖、睡眠设施。对传统火炕进行优化设计和改造，推广使用新型节能火炕，不仅能够缓解农牧民的生活负担和改善农民的生活条件，也能够缓解我国能源消耗和环境压力。

提升传统火炕热工性能的措施是多方面的。本研究在不改变火炕砌筑材料、砌筑方式、炉灶、烟囱位置、燃烧条件等前提下，利用计算流体力学CFD软件进行烟气流场、烟气温度模拟分析，重点研究火炕内不同烟道构造形式对烟气流速、流场分布、流量变化的影响规律，进而优选出热舒适度明显改善、热效率显著提升的火炕模型，既能提高能源利用效率，又能提升农牧民生活品质。

第3章 居住建筑传统供暖设施
——火炕现状调研

3.1 火炕的基本构造和供暖原理

3.1.1 火炕的基本构造

目前，广泛使用的火炕系统由三部分构成，即提供热源的炉灶、蓄热散热的炕体、用于排烟的烟囱（见图3.1）。炕体（一般称为火炕）的长度一般根据农牧民住宅尺寸、生活习惯及家庭人口数量确定。近些年，由于家庭人口数递减，火炕长度呈递减的趋势。火炕的宽度一般为2000 mm，高度一般为600～750 mm（当高度大于750 mm时，不方便农牧民日常跨坐等生活习惯；当高度小于600 mm时，不利于炕洞内烟气流动）。火炕底部有200～350 mm厚的炉渣混凝土蓄热垫层。垫层上为250～400 mm高的炕洞。炕内烟道由砖砌筑，均匀分布于炕洞内。炕洞上为60～80 mm厚的炕板，炕面上有40～50 mm厚的抹面泥和5～10 mm厚的饰面层。进烟口的宽为200 mm、高为150 mm；出烟口的宽为200 mm、高为160 mm。

（a）炉灶　　　　　　　　（b）炕体　　　　　　　　（c）烟囱

图3.1 火炕实体照片

3.1.2 火炕的供暖原理

火炕的供暖原理是：燃料在炉灶中燃烧产生高温烟气，高温烟气经过灶口进入炕洞内，对炕板和炕体进行加热。烟气在压力差的作用下，通过出烟口和烟囱排到室外。被加热蓄热后的炕板和炕体缓慢向室内散热提高室内温度，改善室内热环境。

火炕在使用过程中实现了燃料的燃烧过程、烟气在炕洞内向炕体传热过程和炕体散热过程三个过程的同步进行。

1. 燃料的燃烧过程

炉灶设置在厨房，实现了居住建筑的功能分区，避免了厨房内炉灶燃烧产生的污染气体进入生活空间内。炉灶中的燃料在燃烧过程中产生的高温烟气进入炕洞内以加热炕体，燃料燃烧后产生的灰质通过炉箅排到灰坑内，这个过程被称为燃料的燃烧过程。

2. 烟气在炕洞内向炕体传热过程

在烟囱抽力的作用下，高温烟气在炕洞内从炕头区域流向炕梢区域。在流动中，高温烟气对炕体进行加热。燃料持续燃烧不断产生高温烟气对炕体进行持续加热。之后，烟气在抽力的作用下经过烟囱排出室外。

3. 炕体散热过程

高温烟气对炕体持续加热的同时，吸热蓄热的炕体向室内缓慢长时间散热，以维持室内温度。炕体向室内的散热过程是导热、对流、辐射三种传热方式综合作用的结果。

3.2 火炕的热工性能

火炕的核心功能之一就是供暖，通过导热、对流、辐射方式向室内散热以改善居住热环境，提高人们冬季室内生活的舒适度。由于炕体可以长时间保持一定的温度，因此是北方寒冷地区人们普遍采用的睡眠床铺，也用于人们日常起居及会客。因此，火炕

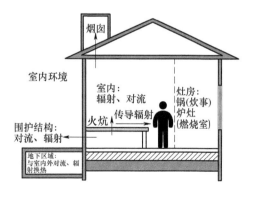

图 3.2　与火炕有关的结构和因素

不仅要能供暖，还要满足热舒适、健康和节能的功能。火炕的性能与多种因素有关，如图3.2所示。

3.2.1 热性能与供暖

火炕系统中炉灶的使用具有间歇性，而炕体要能较长时间向室内持续供暖。因此，一铺好的火炕不仅应能充分利用炉灶产生的高温烟气加热炕体，以便加热后的炕体向室内散热来保证基本的室内温度，

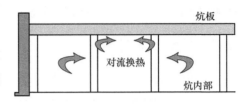

图3.3 炕体传热过程

还应具有较好的蓄热能力，以保证较长时间的持续供热。炕体的传热过程主要是由高温烟气和炕体对流作用形成的（见图3.3）。

火炕的热工性能受很多因素的影响，但总体可分为以下几个方面：

（1）烟气流动的动力和状态。在整个火炕系统中，主要依靠烟囱产生的抽力（即进出烟口气压差）作为动力，以保证火炕中高温烟气的正常流动（即稳定流场）。当高温烟气在炕洞内流动时，与炕洞内部结构和围护结构的接触会遇到阻力，烟气在流动过程中流速既不能太快也不能太慢。当出烟口温度过低时，烟囱的吸力太小，高温烟气在流动时不易克服炕洞内产生的流动阻力，导致火炕不好烧；当出烟口温度较高时，烟囱的吸力大，炕洞内阻力小，烟气流速快，不能保证炕洞内高温烟气的停留时间，高温烟气难以与炕体进行充分换热就被排到室外，导致热量损失。

（2）烟气的热物理性质。依据流体对流换热的基本常识可知，当炕洞内高温烟气与炕体的温度相差较大时，炕体的吸收能力较强。但烟气的热物理性质与温度和压力有关，会直接影响烟气的其他物理因素，而这些因素又会对烟气的对流换热产生影响。例如，烟气的黏度与烟气温度呈正比例关系，不利于炕洞内的烟气流动，不易产生对流作用。因此，要保证高温烟气在炕洞内部的换热温度，应充分发挥高温烟气与炕体的对流换热作用，对烟气的流场、温度、流速进行控制。

（3）炕体材料的物理性质。农牧民一般是在早晨、中午和傍晚三个时间段使用炉灶，所以炉灶的使用是间歇性的。日常使用中，炕体需要具有蓄热和散热的功能，能够把短时间内聚集的热量进行储存，并将热量缓慢释放到建筑内部，以保证长时间的室内温度和炕面温度。因此，火炕必须具有较好的蓄热

能力，即火炕的热惰性。它主要取决于炕体材料本身的物理性质。火炕的热惰性使得炕体的升温与降温过程不会急剧变化，能够保持长时间的延续，从而能够持续地向室内传递热量，以满足人们的基本热需求。火炕的砌筑材料和设计尺寸不同，热波的削弱和吸收不同，其储热能力和炕面温度也会不同，从而直接影响人们居住和生活的室内热环境和热舒适。

3.2.2 热舒适与健康

在内蒙古农牧区，很多农牧民会客、睡眠等是在火炕上。火炕的热舒适度是指多数人在身体感觉和心理感受上对火炕热环境能够达到满意的程度。满足人体的热舒适度是火炕的基本要求之一，火炕的热舒适度与烟气流动的均匀性和炕面平均温度有关。在烟囱抽力的作用下，高温烟气进入炕体，在炕洞内部流动，同时与炕体进行对流换热，热量不断被炕体吸收，燃料热利用率提高。若烟气流场范围越大，热量分布越均匀，则炕头与炕梢温差越小，可有效改善"炕头热，炕梢冷"的问题，进而提高炕面平均温度。一般炕面热舒适度在 $30 \sim 35 \, ℃$ 的温度范围内。有医学研究指出，当炕面温度高于 $40 \, ℃$ 时，人体皮肤会感受到灼热，这会阻碍细胞的新陈代谢，从而影响人们的身体健康。而当炕面温度低于 $24 \, ℃$ 时，人的体表温度会不断地与室内空气进行热交换，减少人体内的热量，影响人身心的愉悦感。

在农村牧区，火炕燃烧生物质燃料和煤产生的高温烟气中通常含有一定的有毒有害气体，气密性不好的火炕会使室内环境的污染物浓度过高，损害人体健康。因此，火炕的气密性和确保炕体不漏烟是一铺好炕的基本要求，居住环境内因使用火炕而产生燃烧废气的浓度不能超过一定的范围。如果一铺炕在使用时向室内释放大量危害人体健康的污染物，那么即使火炕的热工性能再好也是有危害的。

3.2.3 热效率与节能

热效率指对于一个特定的热能转换装置，有效利用的热能占总输入热能的比例，是无量纲指标，一般用百分数表示。火炕的热效率是指同一火炕在燃烧相同燃料（炕洞进烟口的温度、压强相同）的前提下，炕体得热量占高温烟气所含热量的百分比。高温烟气在炕体内分布范围越大，炕体吸收热量越多，出烟口烟气温度就会越低。所以可以认为，当燃料一定时，出烟口温度越低，炕体吸热散热量越多，热效率越高，燃料的热利用率越高。然而在烟囱高度一定时，若出烟口的排烟温度过低，说明烟囱的抽力不足，燃料可能难以充分燃烧且影响炕洞内烟气的均匀流动，或导致倒烟；若出烟口的排烟温度过高，会造成热量损失，导致火炕热效率降低。因此，不能一味地追求降低出烟口的温度来提高火炕热效率。烟囱的抽力作用需要保证烟气有合适的流场和流速，进而保证烟气的流动动力，在这一前提下提高了火炕热效率，也就提高了火炕的节能性。

3.2.4 热舒适度和热效率的影响因素

火炕的主要功能之一是冬季供暖，为了满足室内合适的温度，确保火炕的传热过程顺利进行尤为重要。火炕的整个传热过程是导热、对流、辐射综合作用的结果。根据建筑热工学以及传热学的基本知识可知，影响火炕传热的因素有材料截面几何特性、导热系数、辐射特性、热惰性、炕体温度以及烟气的平均温度、烟气流场范围、进出烟口位置等，归结起来主要是如下三个方面。

1. **烟气流场分布**

在砌筑火炕时，烟道的布局形式应顺应烟气的流动方向，且引导高温烟气流向炕体中、后部，保证烟气扩散至整个炕洞内部，使烟气流过更大的炕洞区域并充分与炕体换热，使炕面温度更均匀，这样可以避免烟气由进烟口直接流向出烟口，从而提高人们睡眠时的热舒适度。烟气流动的主要动力是烟囱的风压以及热压所产生的抽力。然而当出烟口温度极低时，会直接导致烟囱的抽力不足而影响烟气的流动，形成倒烟和旋涡（也就是农牧民常说的"不好烧，倒烟，呛烟"）。

2. **火炕炕面温度**

火炕内高温烟气流场分布的均匀度从根本上影响和决定着炕面温度的均匀度，又决定了炕面的热舒适度（也就是农牧民在炕上坐卧的体验感受）。传统火炕存在"炕头热、炕梢冷"的问题，就是由炕面温度极不均匀造成的。火炕炕面直接与人体接触，存在一个舒适的温度范围，炕面温度太高或者太低，会直接影响人体的舒适性与健康性。所以，炕面的平均温度和温度的均匀性是影响火炕热舒适度的根本因素。

3. **进出烟口温度差**

火炕热工性能影响进出烟口温度差。炕洞内烟气换热受到外界的风压、热压、炕洞形式、砌筑材料的热惰性等影响。烟囱的抽力越小，越容易使烟气滞留在炕洞内形成倒烟与旋涡，影响烟气的流动；烟囱的抽力越大，越不利于炕洞内高温烟气与炕体的换热，热效率越低。因此，在烟囱抽力作用保证烟气有合适的流场和流速的前提下，进出烟口温度差大，说明高温烟气传给炕体的热量多，火炕热效率高，节能性好。

3.3 严寒 B 区居住建筑大花洞火炕

3.3.1 居住建筑典型性调研

现实生活中，绝大部分农牧民使用炉灶作为炕体的热源，燃料在炉灶内燃烧产生的高温烟气在流经炕洞内部时对炕体进行加热，使炕体温度升高。而且利用设置的导烟墙对高温烟气进行导流，适当延长烟气流动路径，降低出烟口的烟气温度，促进炕体受热蓄热。在燃料燃烧结束后，炕体积蓄的热量仍以导热、对流和辐射的方式向室内散发热量。严寒 B 区农村牧区供暖方式相关的调研数据如表 3.1 所示，供暖燃料数据如表 3.2 所示。

表 3.1 严寒 B 区农村牧区供暖方式比例

供暖方式	火炕、火墙	火炕、土暖气	火炕、太阳能热水供暖	火炕、地热	其他
使用比例（%）	50	20	15	12	3

表 3.2 严寒 B 区农村牧区供暖燃料比例

供暖燃料	秸秆	煤	牛、羊粪	煤、玉米穗	其他
使用比例（%）	50（农村） 5（牧区）	5	5（农村） 50（牧区）	30	10

有些村庄因搬迁而形成村落，建造时放弃了火炕的使用，而采用暖气和火炉取暖。据一些农牧民住户反映，住宅在冬季严寒时，晚上室内温度太低，较之前有火炕取暖时热舒适度降低了很多。通过实地调研可知，在内蒙古严寒 B 区，有多种形式的火炕，但绝大多数农牧民家庭所使用的是大花洞式落地炕（见表 3.3）。

表 3.3 内蒙古严寒 B 区农村牧区火炕类型

盟、市、地	锡林郭勒盟	赤峰市	通辽市	兴安盟	呼伦贝尔
火炕类型	大花洞、直洞火炕	大花洞、直洞火炕	大花洞火炕	大花洞火炕	大花洞、直洞火炕

内蒙古严寒 B 区典型住宅及火炕调研情况如表 3.4 所示。

表 3.4 严寒 B 区农村牧区住宅及其火炕类型调研

旗、县、区	住宅布局	火炕构造形式	火炕现状照片
锡林郭勒盟陶林宝拉格诺尔钦散包嘎查			
锡林郭勒盟太仆寺旗永丰镇山岔口村			

续表

旗、县、区	住宅布局	火炕构造形式	火炕现状照片
赤峰市经棚镇呼必图村	厨房　烟囱　火炕　主卧　灶台　餐厅　客厅　±0.000　浴室　次卧	炉灶　出烟口　炕道	
赤峰市克什克腾旗达日罕苏木乌拉苏大嘎查	烟囱　烧饭、烧炕的火炕　取暖的火炉　卧室　厨房　690　450　炕　900　卧室　烟囱	炕道　出烟口　炉灶	

续表

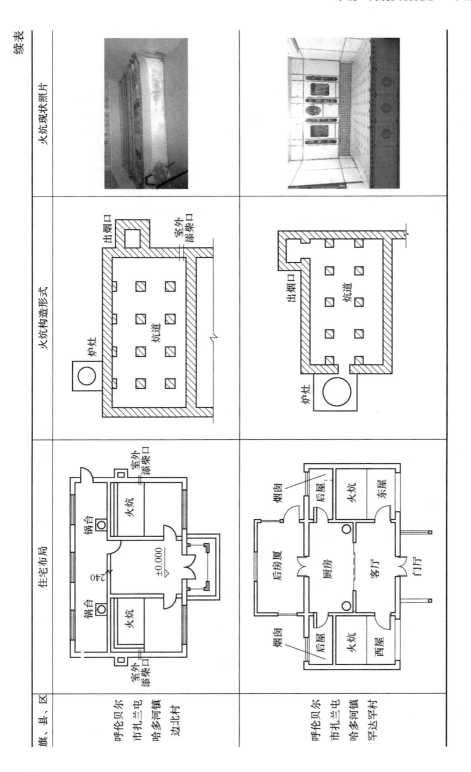

旗、县、区	住宅布局	火炕构造形式	火炕现状照片
呼伦贝尔市扎兰屯哈多河镇边北村			
呼伦贝尔市扎兰屯哈多河镇罕达罕村			

续表

旗、县、区	住宅布局	火炕构造形式	火炕现状照片
兴安盟扎赉特旗阿尔本格勒镇双榆树嘎查			
兴安盟扎赉特旗好力保乡好力保村			

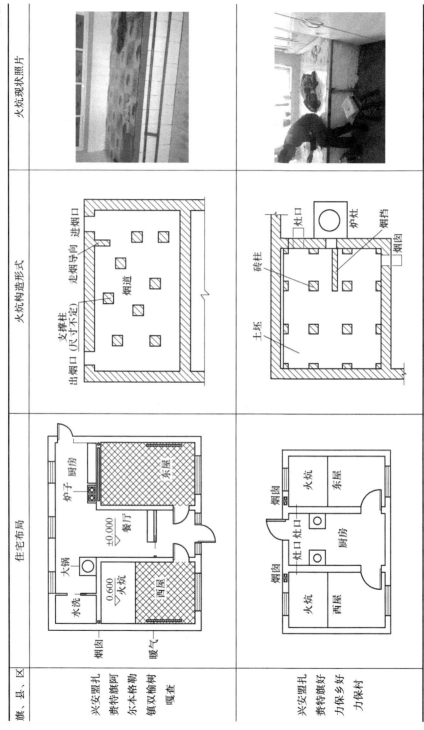

续表

旗、县、区	住宅布局	火炕构造形式	火炕现状照片
呼伦贝尔市莫力达瓦达斡尔族自治旗腾克镇宜斯坎村			
呼伦贝尔市阿荣旗霍尔奇镇后山根村			

3.3.2 典型居住建筑的模型建立

根据对内蒙古严寒 B 区农村牧区典型居住建筑的调研，以东、西两个卧室带两个火炕为主要类型，可建立内蒙古严寒 B 区农村牧区典型居住建筑模型，其空间布局如图 3.4 所示，立面照片如图 3.5 所示。火炕进出烟口的位置一般是根据卧室的布局、人们的生活习惯及使用方便而确定。

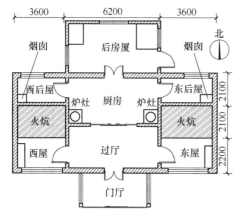

图 3.4　严寒 B 区农村牧区
典型住宅模型平面

图 3.5　严寒 B 区农村牧区
典型住宅正立面实景照片

3.3.3 大花洞火炕的模型建立

根据对内蒙古严寒 B 区农村牧区住宅及火炕类型调研所得数据，建立现状火炕模型。根据建筑平面布局，火炕以矩形炕墙大花洞炕洞为主要类型。火炕采用普通砖砌筑，长、宽、高分别为 3600 mm、2100 mm、800 mm；炕板为 60 mm 厚的钢筋混凝土板，炕板上为 40 mm 厚的草泥蓄热层及饰面层；炕洞内采用两排 240 mm×240 mm 的红砖墩作为炕板支柱；炕内底层为 270 mm 厚的垫土蓄热层；进烟口宽、高分别为 200 mm、150 mm，距炕里墙内侧 720 mm，距垫土蓄热层上边缘为 100 mm；出烟口的宽、高分别为 200 mm、180 mm，与炕梢墙体的内边缘距离为 400 mm，距垫土蓄热层上边缘为 200 mm（见图 3.6）。炕体材料热工性能如表 3.5 所示。

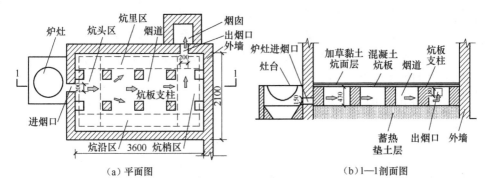

（a）平面图　　　　　　　　　　　　（b）1—1剖面图

图3.6　大花洞火炕炕洞

表3.5　炕体材料热工性能

名 称	材料	密度 $\rho/$ $(\mathrm{kg} \cdot \mathrm{m}^{-3})$	导热系数 $\lambda/$ $[\mathrm{W} \cdot (\mathrm{m} \cdot \mathrm{k})^{-1}]$	比热容 $C/$ $[(\mathrm{kJ} \cdot (\mathrm{kg} \cdot \mathrm{K})^{-1}]$	蓄热系数 $S/$ $[\mathrm{W} \cdot (\mathrm{m}^2 \cdot \mathrm{K})^{-1}]$
饰面层	加草细泥	1650	0.77	1.02	9.38
炕面抹泥层	加草黏土	1600	0.76	1.01	9.37
炕 板	钢筋混凝土	2300	1.51	0.92	15.36
炕板支柱	砖砌体	1700	0.81	1.05	10.43
蓄热垫层	炉渣混凝土	1500	0.76	1.05	9.54

火炕的四周炕墙由砖砌筑，炕板由混凝土板搭建而成，由于加入植物纤维的泥土具有坚韧的抗拉性能，能够防止炕板在干燥收缩的过程中开裂，且泥土具有天然的蓄热功能，因此使用加草黏土进行抹平作为火炕的炕板蓄热层。

3.4　严寒C区居住建筑直洞式火炕

3.4.1　居住建筑典型性调研

作者对内蒙古严寒C区农村牧区居住建筑进行了大量、广泛、深入的实地调研，部分调研照片如图3.7所示。调研内蒙古乌兰察布市凉城县方苏木乡大圪塔村、察右后旗韩勿拉苏木等196户，呼和浩特市新营子镇新营子村、石匠村和清水河县单台子乡、窑沟乡等181户，包头市河东镇壕赖沟村、河北村和东河区南海子村、东兴村等264户，鄂尔多斯市伊金霍洛旗红庆河乡布连图村和鄂托克前旗敖镇查干巴拉素嘎查等212户，巴彦淖尔市杭锦后旗南渠乡、四支乡和五原县联丰村、锦旗村等209户，乌海市下海勃湾镇中河源村、绿源村、富源村等123户。

调研发现，内蒙古严寒C区农牧民住宅绝大部分使用直洞式火炕（见表3.6）。

图3.7　严寒C区农村牧区典型住宅调研现状照片

表 3.6　内蒙古严寒 C 区部分农村住宅调研情况汇总

调研乡村	HDD18/(℃·d)	冬季供暖天数/d	年均日照总时数/h	冬季室外平均温度/℃	冬季供暖方式	火炕类型
乌兰察布市凉城县方苏木乡大圪塄村	4126	164	2900	−5.5	火炕，火炉	直洞炕
乌兰察布市察右后旗韩勿拉苏木	4990	178	3055	−6.4	火炕，火炉	直洞炕
呼和浩特市新营子镇新营子村、石匠村	4186	158	3050	−4.4	火炕，火炉	直洞炕
呼和浩特市清水河县单台子乡、窑沟乡	4104	154	2900	−4.3	火炕，火炉	直洞炕
包头市东河区南海子村、东兴村	3845	150	2932	−4.1	火炕，火炉	直洞炕
包头市河东镇壕赖沟村、河北村	3972	152	2800	−4.3	火炕，火炉	直洞炕
巴彦淖尔市杭锦后旗镇南渠乡、四支乡	4315	158	3100	−4.9	火炕，火炉	直洞炕
巴彦淖尔市五原县联丰村、锦旗村	4083	154	3263	−4.7	火炕，火炉	直洞炕
乌海市下海勃湾镇中河源村、绿源村、富源村	3603	143	3138	−4.1	热水炕，土暖气	热水炕

严寒 C 区农村牧区住宅供暖方式相关的调研数据如表 3.7 所示。

表 3.7　严寒 C 区农村牧住宅供暖方式比例

供暖方式	火炕	火炕＋火墙	火炕＋火炉	火炕＋土暖气
占比	90%	0	8%	2%

　　火炕使用的植物燃料一般为稻草、树枝、秸秆等。对于农牧民来说，这些是经济作物的副产品，不需要额外购买，不会增加经济负担。但随着我国国民经济水平稳步提升，原始供暖燃料（大多是农作物的辅料如秸秆、玉米芯等生物质能源）越来越多地被煤炭等石化能源所替代，这必然导致能源浪费严重且环境污染严重。

3.4.2 典型居住建筑的模型建立

内蒙古严寒 C 区农村牧区典型居住建筑空间布局如图 3.8 所示，建筑坐北朝南，层高 2.7 m，外墙均为 370 mm 厚红砖，砌墙时使用水泥砂浆勾缝，南立面使用瓷砖饰面，其他立面使用抹灰饰面。外窗为双层玻璃金属窗。地面是 30 mm 厚的垫土层上铺设 110 mm 厚的水泥层。屋顶是双坡屋顶，其上有 20 mm 厚的保温层、保护层和 100 mm 厚的结构层覆盖。外门是双层木门。供暖方式为落地式直洞火炕。模型房间围护结构材料性能如表 3.8 所示。

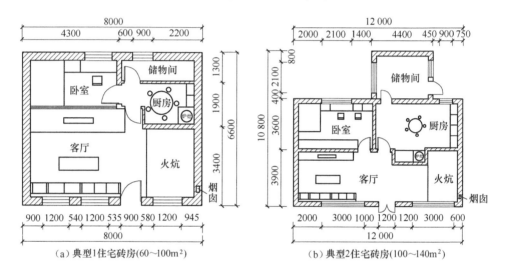

（a）典型1住宅砖房(60~100m²)　　（b）典型2住宅砖房(100~140m²)

图 3.8　严寒 C 区农村牧区典型住宅模型平面

表 3.8　严寒 C 区农牧民典型住宅模型围护结构材料性能

部 件	材 料	厚度/mm	传热系数/[W/(m²·K)]
外 墙	水泥砂浆（填缝）	10	1.51
	砖墙	370	
	抹灰饰面	10	
	瓷砖饰面	20	
外 窗	铁质双层玻璃	30	3.10
地 面	水泥层	110	无保温材料层
	垫土层	30	
屋 顶	结构	100	1.39
	保温层＋保护层	20	
外 门	双层木门	30	2.50

3.4.3 直洞式火炕的模型建立

将直洞式火炕分为类型Ⅰ、类型Ⅱ两种，分别建立模型，如图3.9、图3.10所示。类型Ⅰ火炕的炉灶和烟囱在炕体的同一侧，类型Ⅱ火炕的炉灶和烟囱在炕体的对角线上，两种类型火炕其内部构造完全相同。火炕长、宽、高分别为3150 mm、2100 mm、700 mm。70 mm厚的炕板上有40 mm厚的炕面抹面泥和10 mm厚的饰面层。炕体由砖砌筑，烟道均匀分布。火炕底部有200 mm厚的炉渣混凝土做垫层蓄热。进烟口的宽为200 mm、高为150 mm；出烟口的宽为200 mm、高为160 mm。

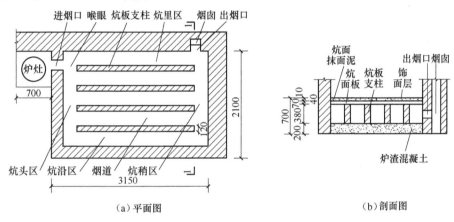

（a）平面图   （b）剖面图

图3.9 类型Ⅰ火炕构造

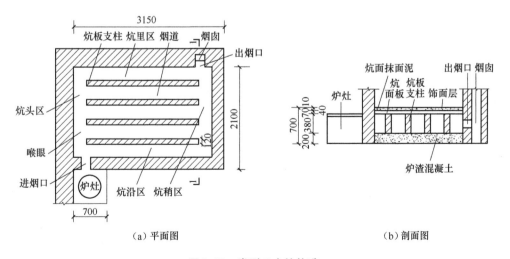

（a）平面图   （b）剖面图

图3.10 类型Ⅱ火炕构造

　　为研究直洞式火炕不同烟道构造形式对烟气温度分布、流场分布、流量变化的影响规律，设定改进前后火炕模型在砌筑材料、炕体尺寸、炉灶燃料燃烧条件、炉灶和烟囱位置、室内外空气压强、空气温度等方面不变。炕体材料热工性能如表 3.5 所示。

第4章 现状火炕的热舒适度和热效率

4.1 分析软件的选择

4.1.1 VENT 模拟软件

进行火炕热舒适度分析时需考虑炕洞内部烟气流场分布和涡流区域面积的影响，选用计算流体力学软件 VENT 为分析工具，模拟基于现状火炕调研和进出烟口的压强设置，通过炕洞内烟气流场分布和涡流区域面积，分析改进前后火炕设计方案的热舒适度变化。

计算流体力学 VENT 模拟软件能够为建筑规划布局和建筑空间划分提供风环境优化设计分析，软件构建于 AutoCAD 平台，集建模、网格划分、流场分析和结果浏览等功能于一体。该软件的优势在于可清晰表现流体的分布和气流组织，并以直观模拟图的方式展现出流场内各部分的气流流速云图和矢量图。将其创新性地应用于火炕热舒适度的模拟研究中，可通过炕洞内部高温烟气的流速云图和矢量图的颜色区分以及具体的矢量流向示意图，清晰地反映出炕洞内烟气流速大小和烟气流动方向，从而对比火炕在改进前后炕洞内部烟气流场分布的均匀度和涡流区域分布面积的变化，进而分析评价火炕的热舒适度。

4.1.2 ANSYS 模拟软件

火炕热效率模拟分析要考虑进出烟口温度、烟气流速和流量的变化等对火炕热工性能的影响，选用计算流体力学软件 ANSYS 为分析工具，基于典型气象数据，考虑火炕内部整体准热平衡，分析采用不同烟道布置方式的火炕的烟气流场温度分布、进出烟口温度差和炕洞内各个水平切面的烟气温度分布。

ANSYS 软件具有强大的流体分析功能，可以用来求解高温烟气的流体热分布等问题，并能够直观展示出烟气的温度变化情况。将其创新性地应用于火炕的热效率研究中，可通过炕洞内部不同水平截面及各个区域的烟气温度分布图来判断烟气在炕洞内部的流动特性。通过对改进前后火炕进出烟口温度和流场变化进行对比分析，从而较准确地判断改进前后火炕在炕洞内部靠近炕板层的烟气温度提升和出烟口温度的变化，进而评价改进前后火炕的热效率。

4.2 大花洞火炕模拟研究

4.2.1 大花洞火炕热舒适度分析

4.2.1.1 热舒适度模拟参数的设置

影响房间热环境的客观因素主要有空气温度、空气相对湿度、空气流速及平均辐射温度，而火炕的热舒适度虽与房间热环境有关，但更主要的因素在于炕面温度的均匀性及平均温度值。为了重点研究大花洞火炕不同烟道构造形式对烟气流速、流场分布、流量变化的影响规律，将室内热环境控制在满足人们日常需求的前提下，设定炉灶燃烧条件、炉灶和烟囱位置、火炕的建造材料、室内外空气压强及空气温度等因素相同的情况下，对火炕炕洞内的高温烟气流动情况进行模拟。室内热环境条件设置如表 4.1 所示。依据专家的研究成果，将火炕进出烟口的压强差设定在 10 Pa 左右[17,18]，模拟参数如表 4.2 所示。

表 4.1 室内热环境条件设置

热环境因素	空气平均温度	空气平均湿度	空气平均流速	环境冷辐射
参数值	15 ℃	50%	0.01 m/s	良好

表 4.2 软件模拟参数

软件名称	计算分析等级	网格划分			迭代次数/次
		初始网格大小/m	最小细分级数/个	最大细分级数/个	
流体力学 VENT	精细	0.1	2	3	1000

4.2.1.2 烟气流速分布的均匀度

现状大花洞火炕的模拟流速云图如图 4.1 所示，颜色越深代表流速越慢，红色为高流速，深蓝色为低流速。可以看出，烟气作为热载体进入炕洞内部，在炕洞的进烟口部位烟气的流速最高。高温烟气沿一条直线进入炕洞内部,流场过于集中在炕洞中轴线附近的一条狭窄区域内,从进烟口几乎直线流向出烟口而很少向其他区域扩散。烟气在炕洞中流速快、时间短。将炕板的传热看作近似稳态传热过程,从图中可以看出,炕洞内部的烟气流场分布极不均匀,必然导致炕面温度的极不均匀,从而造成火炕热舒适度差。对流速云图模拟结果进行分布面积百分比核算,烟气流速在 0.40 m/s 以上区域只占炕面面积的20%左右,且主要集中在炕洞的中间部位,大部分的烟气流速过低,两种极端状态会造成接触高温烟气的炕板温度极不均匀。

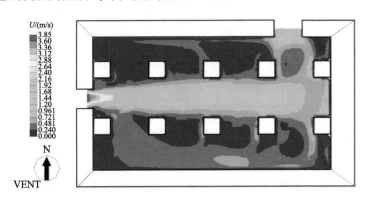

图4.1　现状大花洞火炕内部烟气流速云图

高温烟气过于集中在炕洞的中间区域,经过炕板的准稳态传热过程,导致炕板的中间区域温度较高。按照人们日常的睡眠习惯,当人躺在炕上时,会明显地有腰部太热、头脚偏凉的不舒适体感,具体分析如图4.2所示。

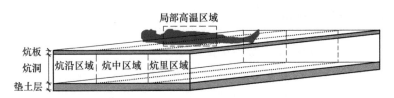

图4.2　现状大花洞火炕的人体热舒适度分析示意

4.2.1.3　涡流区域面积分布

从烟气流速矢量分布图(见图4.3)可以看出,由于炕板支柱位置、形状、数量的影响,烟气在横向中轴线区域流速较快,且流场向周围区域扩散较少。在炕洞横向中轴线区域和炕沿、炕里两侧区域之间存在着压力差,出现了较大面积的烟气紊流涡流区。通过对流速矢量图分布的百分比面积核算,涡流区面积占整个炕板的70%以上，大面积区域烟气呈涡流状态，造成烟气流动不顺畅，流场均匀性差。高温烟气在流场中的不均匀性分布在很大程度上会影响其向炕板的传热，同时大面积的涡流现象会造成火炕不好烧、热舒适度差等问题。

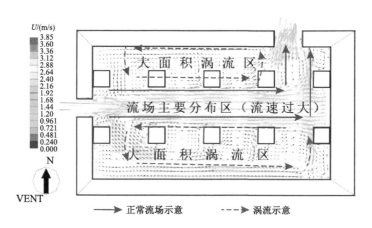

图4.3 现状大花洞火炕内部烟气流速矢量图分布

通过模拟分析可知，内蒙古严寒B区大多数农牧民家庭广泛使用的传统大花洞火炕烟气流场主要集中于火炕中轴区域，流场范围狭小，炕中区域烟气温度较高，炕沿和炕里区域的温度较低，同时炕洞内有大面积的涡流区域面积分布，高温烟气的流场的不均匀分布，必然导致火炕炕面温度极不均匀，热舒适度差。

4.2.2 大花洞火炕热效率分析

4.2.2.1 热效率模拟参数的设置

以流体力学相关知识为理论指导，使用 ANSYS 软件对大花洞火炕烟气流动过程进行模拟。高温烟气从进烟口进入炕洞内部，向炕板、炕洞、四周炕墙和蓄热垫土层传热，而后携带剩余热量经出烟口散布到室外。为了研究大花洞火炕热效率，将模型从进烟口到出烟口作为一个整体进行计算。

模拟炕洞内部的温度变化，对三维计算模型进行布尔运算，模拟采用温度、压强的边界组合。为了主要研究火炕内部烟气流动及温度变化状况，将进出烟口压强差值设置在 10 Pa 左右，进烟口温度设置为 $T_{\mathrm{J}} = 350\ ℃$。[19] 在此工况下对火炕进行分析。

选取不同标高的 3 个水平截面（见图 4.4）进行分析的意义：

（1）烟道内部距垫土层 0.20 m 的水平截面，以分析高温烟气通过进烟口进入炕洞内部后的烟气流场分布情况。

（2）距垫土层 0.30 m 的出烟口中心水平截面，以研究高温烟气在炕洞内的流动情况和出烟口的温度分布。

（3）距垫土层 0.42 m 的接近炕板底部水平截面，以分析高温烟气与炕板的热交换效率，烟气温度分布越高，说明能够被炕板吸收的热量越多。

在进烟口温度设置相同的条件下，对其模拟结果进行分析。观察高温烟气在进入炕洞后的烟气流场变化，高温烟气与垫土层、炕板支柱和四周炕墙的换热温度分布，出烟口的温度变化，以及接近炕板的烟气温度变化，通过温度对比进而分析改进前后火炕热效率的高低。

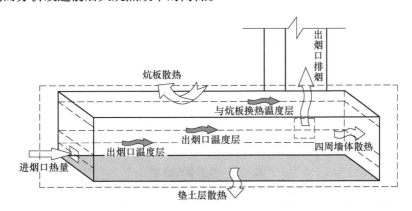

图 4.4　火炕内部热量截面示意

4.2.2.2　炕板表面的体感温度

以现状火炕类型为基础，对内蒙古严寒 B 区典型大花洞火炕冬季炕面温度分布情况进行测量统计，对人们日常生活中所使用的现状火炕的炕面温度进行评价。

1. 炕面温度测量方法

根据《农村火炕系统通用技术规程》（JGJ/T 358—2015）关于火炕的热工性能检测方法，在冬季最冷月的 1 月，在火炕的炕头、炕中和炕梢区域平均分布 9 个测点（见图 4.5），对炕板的温度进行测量。

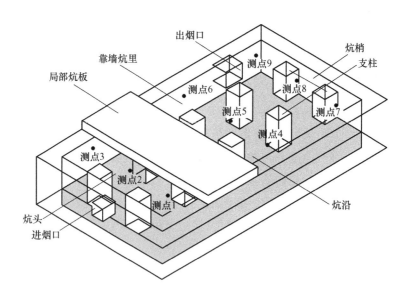

图 4.5 火炕炕面温度测点布置

测量时间段选择在傍晚 6 时至晚上 9 时。在进行完炊事和单独对火炕进行加热后，采用温度自动记录仪对炕板外表面温度进行测量记录，每隔 30 min 对温度记录数据进行整理，使检测结果能够直观观察并对比炕头、炕中和炕梢各区域的炕面温度。测量参数设置如表 4.3 所示。

表 4.3 测量参数设置

测量对象	仪 器	数据采集	精 度	步 长
炕面温度	温度自动记录仪	自动记录	±0.5 ℃	2 min

2. 测量结果分析

测量结果显示，在整个炕板上，测点 1、测点 2、测点 3 所处的炕头部分温度整体较高，其中测点 2 位于炕洞的进烟口，所以炕板温度最高；而炕中的测点 4、测点 5、测点 6 所在位置相对炕头温度大幅度下降，而中间测点 5 的温度比两侧测点 4、测点 6 的温度高；因炕梢距离炕头较远，测点 7、测点 8、测点 9 的温度普遍偏低。整体来看，炕沿和炕里区域相对炕中部位温度普遍偏低，给人呈现的体感即为"中间热（腰部）、两头凉（头脚）"；炕头和炕梢区域的温差较大，即为"炕头热、炕梢冷"（见图 4.6）。

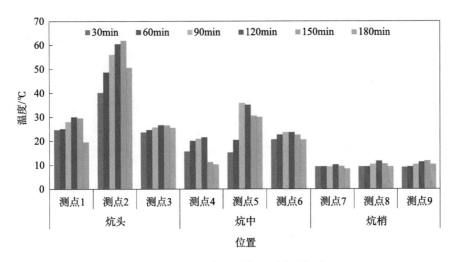

图4.6　火炕3个区域各个测点的温度

4.2.2.3　火炕进出烟口温度差

利用 ANSYS 模拟技术对现状大花洞火炕的内部温度场进行模拟（见图4.7）。红色为最高温度，颜色越深，烟气的温度越低。蓝色为最低温度。从距离垫土层0.2 m的水平截面温度模拟图4.7（a）中可以看出，高温烟气作为热载体进入炕洞内部，主要集中在炕洞入口附近，很少向其他区域扩散，这与实测结果相吻合，热量主要集中在炕头中部，被火炕有效利用的热量较少。图4.7（b）的出烟口处温度显示，出烟口温度分布在280~300℃，说明在炕洞内被炕体吸收了50~70℃的热量。

根据人们对热效率最常规的理解，火炕内部吸收的高温烟气热量占总输入热量的百分比即为火炕的热效率，所以通过进出烟口烟气的温度差值可计算出炕体的热效率为

$$\eta_k = \frac{T_J - T_C}{T_J} \times 100\% \qquad (4.1)$$

式中　η_k——火炕热效率，%；

　　　T_J——进烟口温度，℃；

　　　T_C——出烟口温度，℃。

根据式（4.1）计算得出，现状大花洞火炕的热效率为14%~20%。

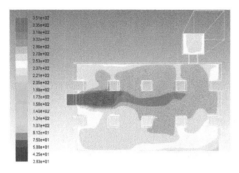

（a）距垫土层0.20 m水平截面温度分布 　　　（b）距垫土层0.30 m水平截面温度分布

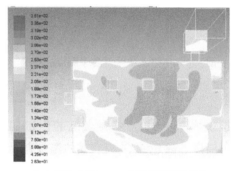

（c）距垫土层0.42 m水平截面温度分布

图4.7　现状火炕内部横截面烟气温度分布

4.2.2.4　炕洞内部靠近炕板层的烟气温度

将烟气温度在270 ℃以上的分布面积占整个炕板面积的比例作为判断接触炕板的高温烟气分布比例的指标。从烟气温度分布图4.7（c）可看出，接近炕板处270 ℃以上烟气面积占整个炕板面积的25%左右。高温烟气在炕洞中向炕板传递的热量较少，导致炕板整体升温速度慢、平均温度低，火炕的热效率不高。要达到人们日常的基本温度需求，就必然燃烧更多的燃料。

接触炕板层的烟气温度在253～270 ℃的面积占炕板面积的60%，而接触炕板层的烟气温度在271～286 ℃的面积占炕板面积的25%。如图4.8所示，接触炕板的烟气温度大部分在270 ℃以下，说明火炕的热效率较低。

通过模拟分析，传统大花洞火炕烟气流场主要集中于火炕中轴区域，流场范围狭小，局部高温导致炕板的对流换热强度减小，对高温烟气热量利用率低，同时排烟温度较高，导致火炕的热效率低。

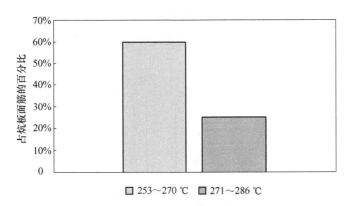

图4.8 现状火炕接近炕板处烟气温度分布百分比

4.3 直洞式火炕模拟研究

4.3.1 模拟参数的设置

在研究直洞式火炕烟道构造形式对烟气流场分布、温度分布、流量变化的影响规律时，将烟气入口温度设置为350℃；进出口压强差设为10 Pa；室内平均温度设为15℃；炕体初始温度为15℃。

直洞式火炕内部的烟道布置形式基本是垂直或平行的，没有异形截面，所以划分网格时均选用平行六面体网格。烟气在炕洞内流动时会受烟道的阻挡，从而使其流动不均匀，影响与炕板的换热。在网格划分时，考虑到进出烟口及烟道壁面等对烟气阻碍作用力较大，所以在这些区域将网格加密，而在其他区域划分较粗的网格，不同粗细网格的划分既可以保证结果的准确性又可以提高运行速度（见表4.4）。

表4.4 直洞式火炕内部烟道布置网络划分

网格划分				求 解
分弧精度/m	初始网格大小/m	最小细分级数/个	最大细分级数/个	迭代次数/次
0.18	0.1	1	2	1000

4.3.2 直洞式火炕类型Ⅰ、类型Ⅱ分析

通过对类型Ⅰ、类型Ⅱ火炕烟气流动进行模拟分析，高温烟气流场范围

小，烟气流动不顺畅，换热不充分。炕洞内烟气温度场不均匀，炕面后部温度过低，排烟温度高，火炕热效率低。对类型Ⅰ火炕和类型Ⅱ火炕的烟气流场和旋涡区分析如图4.9所示。

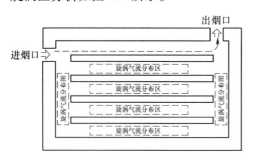

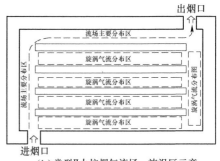

（a）类型Ⅰ火炕烟气流场、旋涡区示意　　　（b）类型Ⅱ火炕烟气流场、旋涡区示意

图4.9　现状火炕烟气流动模拟示意

4.3.2.1　烟气流速

由火炕烟气流速矢量图4.10（a）、（b）可以看出，由于受到炕板支柱位置、形状、数量的影响，烟气会直接沿着没有障碍物的方向流出，且进出烟口处的流速快、流量大。炕洞内其他位置烟气流速方向混乱，易产生旋涡，类型Ⅰ火炕旋涡区面积分布范围占炕板面积的70%左右，类型Ⅱ火炕旋涡区面积分布范围占炕板面积的65%左右，两种火炕内部烟气流动不均匀且混乱，有烟气回流现象，烟气流动阻力增大，烟气流动不顺畅，易产生旋涡，从而导致换热不充分，火炕热效率低。

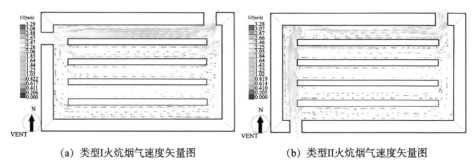

（a）类型Ⅰ火炕烟气速度矢量图　　　　（b）类型Ⅱ火炕烟气速度矢量图

图4.10　现状类型Ⅰ、类型Ⅱ火炕烟气速度矢量图

4.3.2.2　烟气流场

由火炕烟气速度云图4.11（a）、（b）可以看出，烟气作为热载体进入炕

洞内部，类型Ⅰ火炕烟气流速在 0.40 m/s 以上的分布面积占炕板面积的 20%
左右，类型Ⅱ火炕烟气流速在 0.40 m/s 以上的分布面积占炕板面积的 25% 左
右。流场主要集中在炕洞内一侧，烟气流场不均匀。炕洞内其他部分有旋涡，
影响烟气流场均匀性，会导致炕面热舒适度下降。烟气在炕洞内流经的距离
短、时间少，高温烟气没有与炕板进行充分换热，导致烟气热量的浪费。快速
流出的高温烟气没有与炕体充分换热，带有大量余热的烟气从烟囱排出，燃料
的热利用率不高。

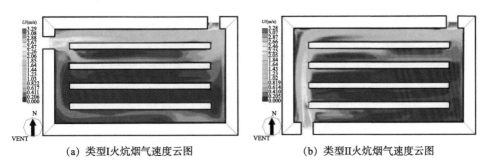

(a) 类型Ⅰ火炕烟气速度云图　　　　(b) 类型Ⅱ火炕烟气速度云图

图 4.11　现状类型Ⅰ、类型Ⅱ火炕烟气速度云图

4.3.2.3　烟气温度

参照大花洞火炕热效率分析方法，现状直洞火炕类型Ⅰ、类型Ⅱ的进烟
口、出烟口、接近炕板底部 3 个标高位置的静态温度等值线如图 4.12 ~
图 4.14 所示。其中，图 4.12（a）、（b）分析高温烟气通过进烟口进入炕洞内
部后的烟气流场分布情况，图 4.13（a）、（b）是研究高温烟气在炕洞内的流
动情况并直观反映出烟口的温度分布，图 4.14（a）、（b）是离炕板最近位置
分析高温烟气与炕板的热交换效率。烟气温度分布越高，说明能够被炕板吸收
的热量越多。类型Ⅰ火炕温度在 277 ~ 350 ℃ 区间的高温烟气面积分布范围约
占炕板面积的 20%，温度在 204 ~ 240 ℃ 区间的低温烟气面积分布范围约占炕
板面积的 60%，出烟口温度约为 279 ℃。类型Ⅱ火炕温度在 277 ~ 350 ℃ 区间
的高温烟气面积分布范围约占炕板面积的 40%，温度在 204 ~ 240 ℃ 区间的低
温烟气面积分布范围约占炕板面积的 50%，出烟口温度约为 277 ℃。整体看，
类型Ⅰ、类型Ⅱ火炕高温烟气面积分布范围小；而低温烟气面积分布范围大，
导致炕面温度极不均匀，也就是常说的"炕头热，炕梢冷"；炕板吸热量少，
排烟温度高，火炕热效率低。

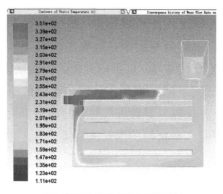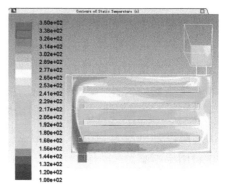

（a）类型Ⅰ火炕静态温度等值线图　　　　　（b）类型Ⅱ火炕静态温度等值线图

图4.12　现状类型Ⅰ、类型Ⅱ火炕进烟口水平截面静态温度等值线图

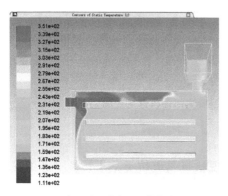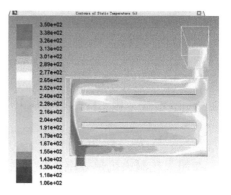

（a）类型Ⅰ火炕静态温度等值线图　　　　　（b）类型Ⅱ火炕静态温度等值线图

图4.13　现状类型Ⅰ、类型Ⅱ火炕出烟口水平截面静态温度等值线图

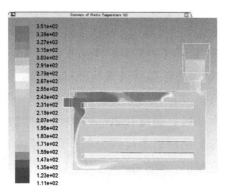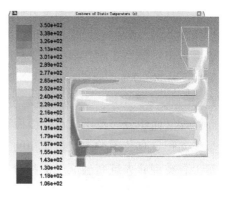

（a）类型Ⅰ火炕静态温度等值线图　　　　　（b）类型Ⅱ火炕静态温度等值线

图4.14　现状类型Ⅰ、类型Ⅱ火炕接近炕板底部水平截面静态温度等值线图

　　高温烟气流动的主要动力是烟囱的抽力。要使炕洞内的高温烟气能够与炕体充分换热，就需要保证烟气在炕洞内尽可能地均匀流动，烟气流向炕体中部，尽量避免烟气由进烟口直接流向出烟口。烟气流过更大的区域并充分与炕体换热，使炕面温度更均匀，降低出烟口的温度，热效率提升。如果出烟口温度很低，可能是烟囱的抽力不足，使烟气滞留在炕洞内，形成倒烟以及旋涡。这也会影响火炕的热舒适度和热效率。

第5章　改进型火炕的热舒适度和热效率

针对现状火炕存在的问题，在火炕砌筑材料、砌筑方法、炉灶和烟囱位置等不变的前提下，对火炕的烟道布置形式进行改进设计，通过改变烟气的流场和温度分布，提高火炕的热效率和热舒适度，这就是研究改进型火炕的意义。

5.1　火炕的优化设计思路

改进型火炕设计的目的是使烟气流场分布更为均匀，高温烟气在炕体内流经更大范围，使炕体能更充分地吸收热量进而向室内供暖。

以流体力学和建筑热工知识为指导，烟道构造设计思路遵循"前引后导"原则，调整炕洞内部炕板支柱的形状和布置方式。布置分烟墙和导烟墙对炕洞内部的高温烟气进行导流，从而改善流场分布，达到提高火炕热舒适度和热效率的目的。火炕内烟道的优化设计，既要实现改善流场的目的，又要避免过于复杂而增大烟气流动阻力，进而降低实用性和可行性。

火炕优化的具体措施：通过改变烟道的构造形式和布置方式来改善炕洞内部的烟气流场分布，降低出烟口温度，避免烟气倒灌和减少旋涡区面积。炕体通过吸储高温烟气热量，与高温烟气进行充分换热，然后释放到室内进行供暖。炕体吸收的热量越多，供热能力越强。进入炕内的烟气应尽可能均匀扩散并与炕板进行换热，这样才能使炕面得热均匀，有效利用高温烟气热量，降低出烟口温度，既可提高火炕热效率，也可改善火炕热舒适度。

（1）前引后导。炕体内喉眼附近不设置支柱，尽量减少阻碍，将高温烟气引向炕的中、后部，有利于烟气的均匀扩散。

（2）改变截面接触阻力。当流体做湍流流动时，会在流体内部产生旋涡。旋涡区面积的大小影响炕内烟气流动的均匀性。旋涡还与接触截面阻力的大小有关，所以，在炕内存在旋涡的部位，可改变其烟道截面形式，使烟气能顺畅流动。

5.2　改进型大花洞火炕的热舒适度和热效率

5.2.1　改进型火炕的模型建立

根据火炕的优化设计思路，从烟气流场均匀性的角度出发，通过对大量模型的流场结果对比分析，总结出图5.1中两种火炕优化构造设计模型。

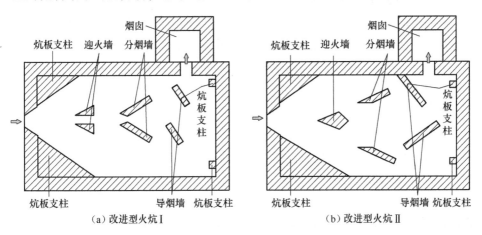

（a）改进型火炕Ⅰ　　　　　　　　　（b）改进型火炕Ⅱ

图5.1　大花洞火炕优化构造设计模型

将进烟口的形状改为船头形，当高温烟气从进烟口进入炕洞后可以扩散至更广的范围。进烟口两侧的炕沿和炕里区域属于炕洞中的两个流场盲区，高温烟气从进烟口进入炕洞时，与这两个区域会形成较大的涡流区，在炕头热效应的均衡影响下，将两个夹角部分设置为炕板支柱，其面积约占整个炕板面积的8%。在距进烟口内侧约900 mm且略偏上位置用砖砌尖形迎火墙（也是炕板支柱），对进入炕洞的烟气起到引流或分流作用，可使烟气的流场能分布于较大区域；在迎火墙后的烟气流经路径上设置倾斜式分烟墙和导烟墙，目的是对流动的烟气起到导流作用，使烟气在炕洞内尽可能流过更大区域、滞留更长时间，且尽可能减少烟气回流，使烟气更加充分地与炕体进行热量的交换传递。为了便于火炕砌筑操作、搭建，炕板支柱的宽度设置为普通红砖宽度，空间上大部分采用对称式布局。

5.2.2　改进型火炕的热舒适度

模拟改进型火炕Ⅰ和改进型火炕Ⅱ的烟气流动性，分析烟气流场分布的均匀度和涡流区域面积，探讨改进后火炕在热舒适度方面相比现状火炕的改善程度。

5.2.2.1　改进型火炕Ⅰ的热舒适度

1. 烟气流速分布的均匀度

利用 VENT 技术对改进型火炕Ⅰ的流场分布进行模拟，结果如图 5.2 所示。从该图中可以明显看出，烟气进入炕洞后，两个对称三角形迎火墙将高温烟气分为三股气流，且比较均匀地分布于炕头区域；在靠近炕沿、炕里和中轴线区域都有烟气流过，这样带有热量的烟气不会过于集中在炕头很小的范围内，从而大大改善了火炕"炕头热"的弊端；在分烟墙、导烟墙的共同作用下，使烟气的流场范围不断扩大，流场均匀性相对于现状火炕也有了很大的改善。烟气流场的均匀分布使高温烟气尽可能多地接触炕体，也必然会使炕面温度的均匀性得到很大提升，"炕头热、炕梢冷"的状况必然会有很大改善。对烟气流场流速云图分布进行百分比面积核算，得出烟气流速在 0.40 m/s 以上的面积占炕面面积的 35% ~ 40%，相对于现状火炕，整个炕体烟气流动的均匀性有了明显的改善。

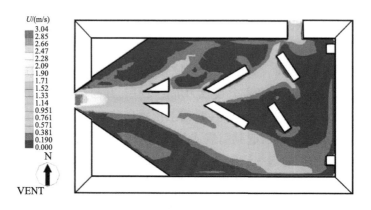

图 5.2　改进型火炕Ⅰ内部烟气流场流速云图分布

2. 涡流区域面积分布

通过对烟气流速云图的分析，从流速矢量图（见图 5.3）中可以看出，炕板支柱形状、位置的科学设置可使烟气在炕洞内比较均匀地流向出烟口。从对正常流场和涡流的箭头示意可以看出，改进型火炕Ⅰ在与现状火炕模拟的同等设置条件下，除炕头一侧的炕沿和炕里区域炕侧墙两处夹角之外，高温烟气以正常的烟气流场进行流动。通过对流速矢量图分布的百分比面积核算，涡流区域面积占火炕炕面面积的15%～20%，相比于现状火炕，涡流区域面积占火炕面积的比例大幅减小。

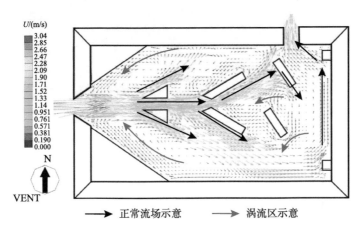

图5.3　改进型火炕Ⅰ内部烟气流场流速矢量图分布

5.2.2.2　改进型火炕Ⅱ的热舒适度

1. 烟气流速分布的均匀度

对改进型火炕Ⅱ的模拟结果如图5.4所示，尖劈形迎火墙将烟气分散为两股气流向后流动，缓解炕沿和炕里两个区域流场极不均匀的现象。设置分烟墙和后导烟墙可以改变部分烟气流向，扩大烟气流场，使得烟气扩散分布，大幅提高烟气与炕体交换热量的概率，有效改善"炕梢冷"的弊端。经过对流速云图分布的百分比面积核算，烟气流速在0.40 m/s以上的面积占火炕炕面面积的30%左右，相比较现状火炕，所占面积增大。更重要的是，高温烟气在炕洞内迎火墙的作用下分成了流经炕里和炕梢区域的两部分，明显改善了现状火炕烟气过于集中的现象，从而使烟气流场分布的均匀性得到明显改善。

2. 涡流区域面积分布

图5.5是改进型火炕Ⅱ的烟气流速矢量图。从该图中可以看出，改进型火炕Ⅱ在与现状火炕模拟的同等设置条件下，高温烟气进入炕洞以后在入口部分通过尖劈形迎火墙被分为两股气流。总体来讲，烟气的均匀性得到了改善，大部分烟气在烟囱吸力作用下以正常的烟气流场向出烟口方向流动。从炕面热舒

适度方面考虑，涡流区域面积占火炕炕面面积的30%～35%，相比现状火炕，其面积占火炕面积的比例大幅减小，涡流现象同样得到了明显的改善；同时，烟气流动的顺畅性得到了大幅度提升。

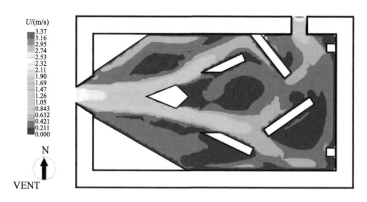

图5.4　改进型火炕 II 内部烟气流场流速云图分布

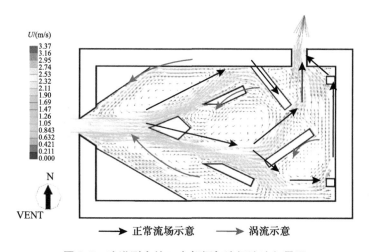

图5.5　改进型火炕 II 内部烟气流场流速矢量图

5.2.3　改进型火炕与现状火炕的热舒适度对比

改进型火炕炕板使用混凝土进行搭建，加草黏土材料作为炕面找平层和蓄热层，将炕板的传热过程看作一个准稳态传热过程。当炕洞内部的烟气流场分布较均匀时，高温烟气与炕板和炕面层的辐射、对流换热量也会变得更加高效和均匀，炕板的热舒适度就会得到明显提升，而涡流区域面积的减少会使炕洞内烟气流动更加顺畅，不会造成因烟气回流而产生炕不好烧的问题。

在进烟口处设置迎火墙更有利于烟气向大范围烟道输送热量，烟气流场的分布能够得到进一步的改善。

改进型火炕与现状火炕的烟气流场特点对比如表5.1所示。

表5.1　改进型火炕与现状火炕烟气流场特点对比

研究内容	现状火炕	改进型火炕		火炕性能提升对比
		改进型火炕Ⅰ	改进型火炕Ⅱ	
涡流区面积占比	70%以上	15%~20%	30%~35%	涡流区面积减少、火炕热效率提高
烟气流速在0.4 m/s以上流场区域面积占比	20%左右	35%~40%	30%左右	烟气流场范围扩大、火炕蓄热散热性能提高
烟气流场均匀度	较低	较高	较高	炕洞内部烟气流场分布更加均匀
炕面温度均匀度	较低	较高	较高	流场改善使炕面温度的均匀度提高，从而提高热舒适度

5.2.4　改进型火炕的热效率

分别从火炕进出烟口温度差和炕体内部接近炕板层的烟气温度分布面积两个方面对改进型火炕Ⅰ和改进型火炕Ⅱ的高温烟气进行模拟分析，从高温烟气的热利用率方面探讨改进后火炕在热效率方面相比现状火炕的改善程度。

5.2.4.1　改进型火炕Ⅰ的热效率

1. 火炕进出烟口温度差

利用ANSYS软件对改进型火炕Ⅰ进行模拟（见图5.6），从进烟口水平切面0.20 m的截面温度模拟图［见图5.6（a）］可以看出，高温烟气进入炕洞后，在三角形迎火墙、分烟墙和导烟墙的作用下，烟气流场范围不断扩大，较为均匀的扩散于整个炕板。而在图5.6（b）的出烟口处，出烟口温度分布在270~280℃，说明炕体从高温烟气中吸收了70~80℃的热量，相比现状火炕出烟口处温度有所降低。由式（4.1）计算得出，改进型火炕Ⅰ的热效率为20%~22%，说明改进后的炕体能吸收更多高温烟气热量。

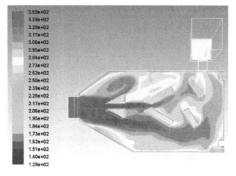

（a）距垫土层0.20 m水平截面温度分布

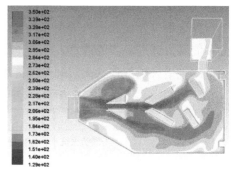

（b）距垫土层0.30 m水平截面温度分布

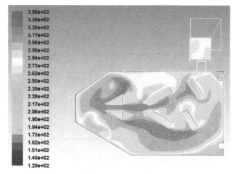

（c）距垫土层0.42 m水平截面温度分布

图5.6　改进型火炕Ⅰ内部横截面烟气温度分布

2. 炕洞内部靠近炕板层的烟气温度

由图5.6（c）可以看出，烟气在炕洞内部明显扩散，使接触炕板的高温烟气温度分布更加均匀，这就会使高温烟气即时向炕板传递的热量较现状火炕整体有了明显的增多。烟气温度分布在270 ℃以上的面积比例为80%左右，相比现状火炕，改进型火炕Ⅰ在利用同等燃料的前提下，高温烟气热量能够更好地被炕板吸收从而对其进行加热，所以火炕的热效率也会明显提高。

由图5.6可以看出，相比于现状火炕，改进型火炕Ⅰ的炕板温度整体有所提高，这一类火炕更适合类似老年人睡眠时对整体炕面温度有较高要求的人群。

接近炕板处烟气温度分布的百分比如图5.7所示，炕板的升温速率相对来讲会有较大提升，火炕的热利用效率则明显提高。250～270 ℃的烟气温度所占面积约是炕板面积的20%，271～303 ℃的烟气温度所占面积约是炕板面积的80%，与现状火炕对比，有更多高温烟气接触炕板并对其进行加热。

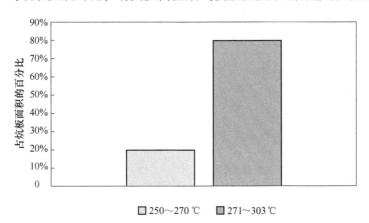

图5.7 改进型火炕Ⅰ接近炕板处烟气温度分布百分比

5.2.4.2 改进型火炕Ⅱ的热效率

1. 火炕进出烟口温度差

对改进型火炕Ⅱ的模拟结果如图5.8所示。由进烟口水平切面0.20 m的截面温度模拟图［见图5.8 (a)］可以看出，设置尖劈形迎火墙、分烟墙和后导烟墙扩大烟气流场，可使高温烟气尽可能地分散于整体炕洞，通过增大高温烟气与炕板的接触面积可对炕板进行大面积同时加热。图5.8 (b) 的出烟口处温度在265~280℃，计算求得改进型火炕Ⅱ的热效率为20%~24%。相比现状火炕，其热效率明显提高。

2. 炕洞内部靠近炕板层的烟气温度

根据图5.8 (c) 中靠近炕板的温度分析，可以看出低温面积大部分分布在炕沿区域。根据人们日常睡眠生活习惯，炕沿区域部分是头部所在位置。由人体热工知识可知，"头凉脚热"对人体来讲是较为舒适的状态。接触炕板的烟气温度大部分在270℃以上，相比现状火炕，接近炕板的高温烟气有所提升，更适合睡眠时对炕面温度均匀性和热舒适有较高要求的人群。

改进型火炕Ⅱ接近炕板处烟气温度分布的百分比如图5.9所示，250~270℃的烟气温度所占面积约为炕板面积的30%，271~303℃的烟气温度所占面积约为炕板面积的65%，接触炕板的烟气温度大部分在270℃以上。与现状火炕对比，有更多高温烟气接触炕板并对其进行加热。

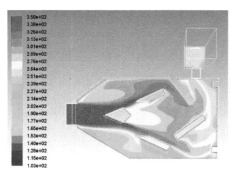

（a）距垫土层0.20 m水平截面温度分布　　（b）距垫土层0.30 m水平截面温度分布

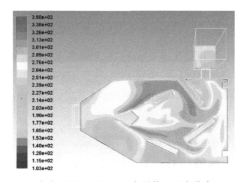

（c）距垫土层0.42 m水平截面温度分布

图5.8　改进型火炕Ⅱ内部横截面烟气温度分布

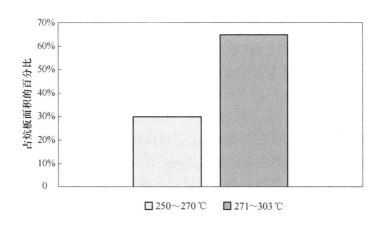

图5.9　改进型火炕Ⅱ接近炕板处烟气温度分布百分比

5.2.5 改进型火炕与现状火炕的热效率对比

炕洞内部炕体及炕板支柱由砖砌成，高温烟气在炕洞中是否均匀扩散，直接决定了高温烟气在炕洞中向炕体传递热量的多少。当进烟口烟气温度与炕体温度相差较大时，炕体的吸热程度就较高；相反，炕体与烟气温度相差越小，其热交换程度也就越低。现状大花洞火炕高温烟气主要集中在炕中部分，很少向其他区域扩散，中间区域的炕体温度与高温烟气的温度相差较小，炕体对流换热系数减小，吸收热量的强度也就减小，过多高温烟气则通过烟囱排向室外。而改进型火炕在这方面有明显改善，各个区域的烟气温度分布较为均匀，对流换热强度不会骤然降低，火炕的热效率较高。

改进型火炕与现状火炕的热效率对比分析如表5.2所示。

表5.2 改进型火炕与现状火炕热效率性能对比

研究内容	现状火炕	改进型火炕		性能分析
		改进型火炕Ⅰ	改进型火炕Ⅱ	
烟道构造特点	两排简单支柱	三角形迎火墙、分烟墙、后导烟墙	尖劈形迎火墙、分烟墙、后导烟墙	改进炕板支柱的形状和布置方式
排烟温度/℃	280~300	270~280	265~280	降低排烟温度使更多高温烟气热量被炕体吸收
炕板处270℃以上烟气面积占炕板面积比（%）	25	80	65	提高接近炕板处烟气温度，使高温烟气尽可能地与炕板接触，并对其进行加热
烟气流场均匀度	较低	较高	较高	火炕内部烟气流场均匀度改善可使烟气炕板温度更均匀
火炕热效率（%）	14~20	20~22	20~24	改进型火炕的热效率明显得到提升

两种改进型火炕不仅热效率都有提升，而且改进型火炕Ⅰ的炕板各个区域的温度整体提高，更适合类似老年人睡眠时对整体炕板温度有较高要求的人群；改进型火炕Ⅱ的炕板高温覆盖面增大，"头凉脚热"的热舒适度感受更适合睡眠时对炕面温度均匀性有较高要求的人群。

5.3 改进型直洞式火炕的热舒适度和热效率

5.3.1 改进型火炕的模型建立

按照火炕的优化设计思路，从改善烟气流场均匀性出发，通过对大量模型的流场结果对比分析，优选出图5.10中的Ⅰ型、Ⅱ型两种改进型火炕。

图5.10（a）中的改进型火炕Ⅰ在进烟口处设置斜向的分烟墙，引导烟气流向炕体中部，避免烟气由进烟口直接流向出烟口，使烟气在炕洞内流经更大的区域并充分与炕体换热，降低出烟口的温度，保证烟气扩散至整个炕腔内部，改善炕面温度均匀性。斜向布置的分烟墙可减少烟气流动阻力，使烟气可以更顺畅地由进烟口流向炕体后部。图5.10（b）中的改进型火炕Ⅱ整个炕洞烟道形式由原来的平行布置改为斜向上布置，整体趋势顺应进出烟口的方向，尽量减小对烟气的阻挡，使烟气的流场分布面积增大。

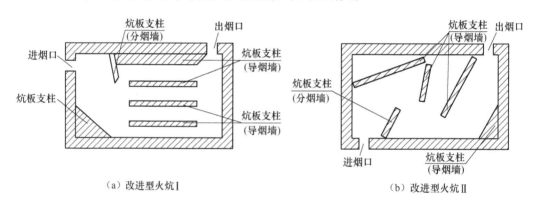

（a）改进型火炕Ⅰ　　　　　　　　　　　　（b）改进型火炕Ⅱ

图5.10　直洞式火炕优化构造设计模型

5.3.2 改进型火炕Ⅰ、改进型火炕Ⅱ分析

5.3.2.1 烟气流速

从改进型火炕Ⅰ、火炕Ⅱ流速矢量图［见图5.11（a）、（b）］看出，改进型火炕Ⅰ烟气流速在0.40 m/s以上的面积分布范围占炕板面积的45%，炕体的烟气流动的均匀性明显改善。旋涡区面积分布范围占炕板面积的20%，旋涡区面积大幅减小，只是局部存在一些小旋涡。改进型火炕Ⅱ烟气流速在0.40 m/s

以上的面积分布范围占炕板面积的 50%，可明显改善火炕流场过于集中的现象，使烟气与炕板换热更充分，提高了火炕对高温烟气热量的利用率。旋涡区面积占炕内面积的 15%，旋涡区面积减少。相比现状火炕Ⅰ、火炕Ⅱ，有效流速流场范围增大，烟气流场均匀，炕面热舒适度提高。烟气的流动速度一般受烟道布置形式以及内支撑柱的影响较大，当改进炕洞内烟道形式时，烟气沿着没有障碍物的方向流向出烟口，烟气流经路径、时间增长，出烟口处的流速降低、流量减少，高温烟气热量利用率提升。

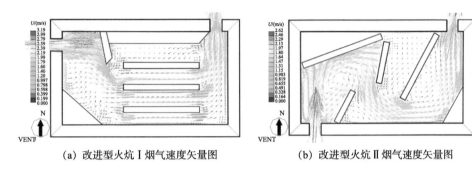

(a) 改进型火炕Ⅰ烟气速度矢量图　　　　(b) 改进型火炕Ⅱ烟气速度矢量图

图 5.11　改进型火炕Ⅰ、Ⅱ烟气速度矢量图

5.3.2.2　烟气流场

利用 VENT 和 ANSYS 软件对两种改进型火炕进行模拟分析，由改进型火炕Ⅰ、火炕Ⅱ的流速云图［见图 5.12（a）、(b)］看出，烟气被大量引向炕沿、炕梢，烟气充分扩散，烟气流场面积分布范围扩大，可与炕板进行充分换热，炕体表面温度的波动幅度变小。这样带有热量的烟气就不会过于集中于炕头很小的范围内，相比现状火炕Ⅰ、火炕Ⅱ在很大程度上改善了火炕"炕头热"的弊端，大大改善了流场不均匀的现象。

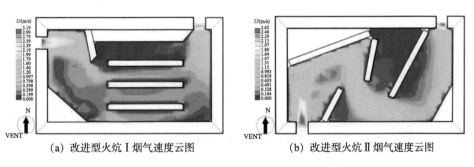

(a) 改进型火炕Ⅰ烟气速度云图　　　　(b) 改进型火炕Ⅱ烟气速度云图

图 5.12　改进型火炕Ⅰ、Ⅱ烟气速度云图

改进型火炕Ⅰ、火炕Ⅱ的烟气在炕洞内流经的范围扩大,与炕板的换热面积增大,高温烟气对炕板进行充分加热;烟气在炕洞内流动较均匀,高温烟气热量被吸收,出烟口温度降低,减少烟气热量的浪费。降低排烟热损失,燃料的利用率和火炕热效率提高。炕板与烟气换热吸热量增多,然后通过辐射、对流换热散入室内,从而提升房间内的温度,改善室内热环境。

由改进型火炕Ⅰ、火炕Ⅱ的模拟结果〔见图5.11(a)、(b)〕可看出,旋涡区面积分布范围占炕板面积的15%~20%,相比现状火炕Ⅰ、火炕Ⅱ,旋涡区面积分布范围大幅减少,烟气流场均匀性提升,与炕板换热量增加,热舒适度提高,热效率和燃料利用率提高,如图5.13、图5.14所示。

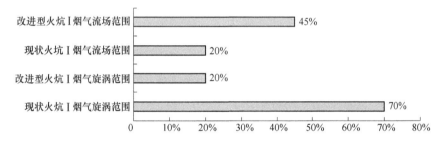

图5.13　改进型火炕Ⅰ与现状火炕Ⅰ流场、旋涡对比

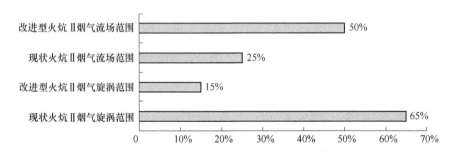

图5.14　改进型火炕Ⅱ与现状火炕Ⅱ流场、旋涡对比

高温烟气进入炕体内,在烟囱抽力的作用下在炕洞内部流动的同时向炕体传热,其热量不断被吸收,温度会随之下降,带有余热的烟气最终由烟囱排出。由于炕洞内部烟道的阻挡,烟气会顺着流阻小的方向流动,流场不均匀导致炕头温度高、炕梢温度低,炕面温度不均匀,舒适性差。炕头、炕梢温差越

大，人们的体验感就越差。而炕面的热舒适度与烟气流动的均匀性有关，烟气流场越均匀，炕头与炕梢温差就越小。经过分析模拟数据，与现状火炕相比，改进型火炕在很大程度上改善了高温烟气流场的均匀性，提高了炕面温度的均匀性，也提高了炕体吸热和供热能力。

5.3.2.3　烟气温度

改进型火炕静态温度等值线图如图5.15～图5.17所示。从图中可以看出，高温烟气大量流向炕中部、炕梢，大大改善了流场不均匀的状况，烟气充分扩散，扩大了烟气流场范围，高温烟气与炕板进行充分换热，烟气热量得到充分利用。改进型火炕Ⅰ温度在277～350℃区间的高温烟气面积分布范围约占炕板面积的70%，相比现状火炕Ⅰ增大了50%；温度在204～240℃区间的低温烟气面积分布范围约占炕板面积的15%，相比现状火炕Ⅰ减少了45%。改进型火炕Ⅱ温度在277～350℃区间的高温烟气面积分布范围约占炕板面积的75%，相比现状火炕Ⅱ增大了35%；温度在204～240℃区间的低温烟气面积分布范围约占炕板面积的15%，相比现状火炕Ⅱ减少了35%。改善了炕头区温度过高、炕梢区温度过低的现象。改进型火炕Ⅰ出烟口温度约为265℃，改进型火炕Ⅱ出烟口温度约为253℃。相比现状火炕Ⅰ、火炕Ⅱ，改进后的火炕出烟口温度分别降低了14℃和24℃，大幅提升了火炕的热效率。

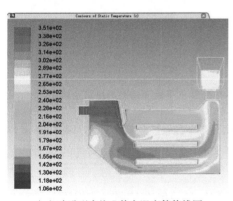

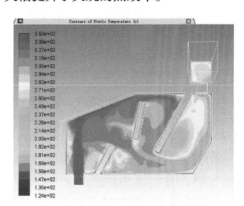

（a）改进型火炕Ⅰ静态温度等值线图　　（b）改进型火炕Ⅱ静态温度等值线图

图5.15　改进型火炕Ⅰ、火炕Ⅱ进烟口水平截面静态温度等值线图

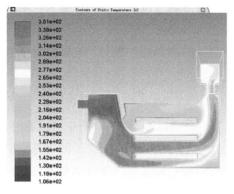
（a）改进型火炕Ⅰ静态温度等值线图

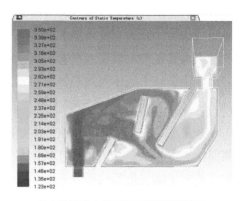
（b）改进型火炕Ⅱ静态温度等值线图

图 5.16　改进型火炕Ⅰ、火炕Ⅱ出烟口水平截面静态温度等值线图

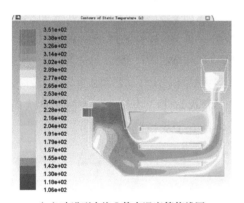
（a）改进型火炕Ⅰ静态温度等值线图

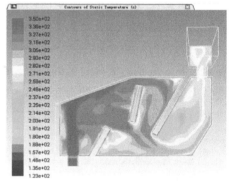
（b）改进型火炕Ⅱ静态温度等值线图

图 5.17　改进型火炕Ⅰ、火炕Ⅱ接近炕板底部水平截面静态温度等值线图

通过对比分析可知，改进型火炕Ⅰ比现状火炕Ⅰ平均多吸收 14 ℃高温烟气的热量，改进型火炕Ⅱ比现状火炕Ⅱ平均多吸收 24 ℃高温烟气的热量，如图 5.18、图 5.19 所示。

为了提高火炕的热效率，就需要高温烟气尽可能在炕洞内均匀流动并与炕体充分换热，改进火炕的烟道布置形式，顺应进出烟口方向，引导烟气流向炕体中部，避免烟气由进烟口直接流向出烟口，可使烟气流过更大的区域并充分与炕体换热，使炕面温度更均匀。炕体吸热量增多，自然降低出烟口的温度，也说明烟气热量被高效利用。

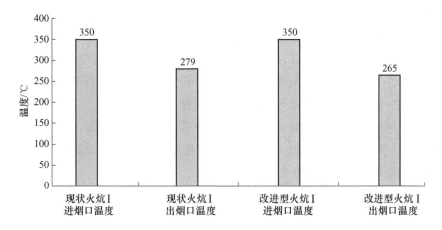

图 5.18　改进型火炕 I 与现状火炕 I 进出烟口温差对比

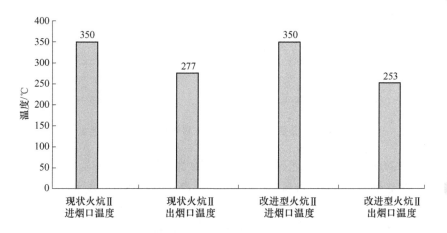

图 5.19　改进型火炕 II 与现状火炕 II 进出烟口温差对比

5.3.3　改进型火炕与现状火炕热工性能对比

炕内烟气温度分布直接影响人体的热舒适度和散发到室内热量的多少，从而影响供暖效果和睡眠效果，烟气均匀分布是衡量火炕热舒适度的重要指标。当炕洞内入口处的烟气温度很高、传热量较大时，会造成炕头温度很高。在搭建火炕时，采用吸储热较好的材料，可以增大炕板换热量、储存量，这样在炉灶不工作时，可以将吸储的热量持续释放到室内，保证室内热环境的相对稳定。适当增加蓄热层厚度可以有效降低炕面温度，避免局部炕面过热。生活中，有农牧民针对火炕炕头温度偏高的问题，采取斜放炕板以及增加炕头蓄热层材料厚度、减少炕梢蓄热层材料厚度的方法，可以在一定程度上提升炕梢温度，降低炕头温度，均匀整个炕面温度。

改进型火炕Ⅰ和火炕Ⅱ在引烟墙、导烟墙的作用下，烟气流场范围扩大，流场均匀性明显改善，高温烟气与炕板充分换热，烟气与炕板的辐射换热量增加，出烟口温度降低，热量利用率提升，炕面平均温度提高，火炕的热效率明显提升，而且改进型火炕炕头区温度整体下降，炕梢区温度整体上升，改善了"炕头热、炕梢冷"的弊端，炕面的热舒适度明显提高。改进型火炕Ⅰ、火炕Ⅱ的烟气流场和旋涡区分析如图 5.20 所示。

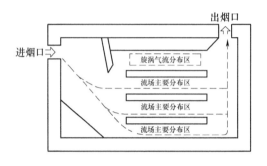

（a）改进型火炕Ⅰ烟气流场、涡流区示意　　（b）改进型火炕Ⅱ烟气流场、涡流区示意

图 5.20　改进型火炕Ⅰ、火炕Ⅱ烟气流场、涡流区示意

炕洞内的烟道布置形式以及截面形式会改变烟气的流动范围，一般来说，烟气是沿着炕内流阻小的方向流动。为了提高火炕的热舒适度和热效率，势必要使烟气在炕洞内流经较大范围，使得炕内烟气流场均匀。所以，在布置烟道形式时，要考虑顺应进、出烟口位置的趋势，尽量降低烟道截面对烟气的阻力作用，提高烟气的流速；同时扩大高温烟气流场，增加烟气与炕体的接触面积，从而使烟气与炕体进行充分换热，提高火炕热效率。改进型火炕烟气分布及烟道布置模拟结果与传统现状火炕对比如表 5.3 所示。

表 5.3　改进型火炕模拟结果与现状火炕对比

性能指标	现状 火炕Ⅰ	改进型 火炕Ⅰ	现状 火炕Ⅱ	改进型 火炕Ⅱ	分析说明
烟气流速在 0.40 m/s 以上的流场区域面积占 炕板面积（%）	20	45	25	50	烟气流场面积扩大，炕 面温度均匀性提升，热舒 适度提高

性能指标	现状火炕 I	改进型火炕 I	现状火炕 II	改进型火炕 II	分析说明
277～350 ℃的高温烟气面积分布范围占炕板面积（%）	20	20	40	75	高温烟气分布面积增加，炕板吸热量提升，蓄热量增加
204～240 ℃的高温烟气面积分布范围占炕板面积（%）	60	15	50	15	低温烟气分布面积减少，炕面温度均匀性改善
出烟口温度/℃	279	265	277	253	出烟口温度降低，火炕蓄热量增加，供暖效果提高
火炕热效率（%）	20.3	24.3	20.8	27.7	改进型火炕的热效率明显提升

本篇总结

通过对内蒙古严寒 B 区、严寒 C 区农村牧区典型居住建筑现状、供暖方式及火炕类型进行实地调研，发现火炕作为农村牧区传统供暖方式之一仍在广泛使用。本研究对严寒 B 区大花洞火炕、严寒 C 区直洞式火炕建立了传统火炕模型。经过调查了解及模拟分析可知，现状火炕存在炕面热舒适度差、热效率低等问题。

以流体力学和建筑热工学知识为指导，以 VENT、ANSYS 模拟软件为研究工具，对大花洞火炕、直洞式火炕的烟道形式进行改进设计，科学合理设置迎火墙、分烟墙和导烟墙。通过改变火炕炕洞内部的烟道布置方式，改变烟气流场，使烟气能够更加均匀地分布于炕洞内部，高温烟气能够较均匀地扩散于炕板底部，从而提高火炕热舒适度和热效率。

通过对改进型火炕与现状火炕进行对比分析，得出以下结论：

（1）改进型火炕的涡流区面积大幅减少，烟气流速在 0.40 m/s 以上的流场区域面积大幅增加。相比于现状火炕，改进型火炕的热舒适度得到了明显改善。

（2）改进型火炕的排烟温度明显降低，火炕热效率显著提升。接近炕板处烟气温度在 270 ℃ 以上的区域面积大幅增加。

（3）改进型火炕提高了烟气流场均匀性，增大了高温烟气与炕体的换热面积，减少了旋涡面积，降低了排烟温度，烟气热量得到更加充分利用。

下篇

清洁能源多能互补
供暖方案

能源和环境问题是关系社会可持续发展和全面建成小康社会的关键因素之一，能源供应直接关系到国家安全和社会稳定，环境污染将制约我国的高质量发展并影响人们的生活环境。随着我国经济的持续快速发展和人们生活水平的不断提高，以化石类能源为主的能源生产和消费规模不断增加，使得环境资源约束凸显。大量化石类燃料的使用产生了严重的大气污染、水污染和土壤污染，是造成严重环境问题的根源之一。

目前，农村大部分家庭仍在使用燃烧效率低、污染大的，以燃煤、秸秆作燃料的火炉或火炕等，由此产生的环境污染和能源消耗问题应引起高度重视。随着我国农村经济的快速发展，农民生活水平显著提高，人均住房面积持续增长，人均供暖能源消费量不断增加；农村地区的供热需求，尤其是对清洁、高效和舒适的供暖需求也在持续增加。因地制宜地积极推动清洁能源的开发利用，推动北方地区冬季清洁取暖，加快推动电、地热、太阳能等清洁能源对煤炭的替代，促进农村地区用能结构转变和生活环境美化，是我国乡村振兴战略的重要目标。

清洁能源是指为达到生产或生活目的，使用能源过程中不产生污染或污染物排放低的能源利用技术体系。清洁能源既包括可再生能源，如太阳能、空气能、生物质能、地热能等，也包括经清洁利用技术处理的常规化石能源，如天然气、洁净煤等。太阳能主要是光热转换与光电转换两种利用方式。空气能主要是通过热泵技术利用空气中的低品位热能。生物质能主要是将生物质材料转化为生物质燃料、生物质气化、沼气等利用方式。在我国北方地区推广利用可再生能源多源互补供热系统进行清洁化供热，具有多方面的重要意义，既能够降低粉尘、CO_2、SO_2、NO_x 等污染物排放，助力实现天蓝、地绿、水清的优美环境，又是实现绿色、可持续发展理念的有效途径。

随着我国乡村振兴战略、美丽乡村建设的实施，内蒙古农村牧区经济、社会快速发展，农牧民居住环境不断改善。《内蒙古自治区冬季清洁取暖实施方案》[23] 提出，内蒙古农村地区优先利用地热、生物质、太阳能等多种清洁能源供暖，有条件地发展天然气或电供暖，2021 年达到 40% 以上。在政策积极推动、财政有力支持、技术快速进步、设备能效提升的背景下，在农牧民人口较多、居住分散的内蒙古农村牧区发展清洁能源多能互补供暖事业有很大潜力和广阔前景。

第6章　现状典型住宅冬季热环境及供暖能耗研究

内蒙古农村牧区地域辽阔，东部与中西部气候特征有较大的差异，如位于严寒 B 区（5000 ≤ HDD18 < 6000）的锡林浩特市的 HDD18 为 5545 ℃·d，位于严寒 C 区（HDD18 < 5000）的鄂尔多斯市杭锦旗的 HDD18 为 4315 ℃·d，农牧民居住建筑形式也各有特点。2017 年，内蒙古农村牧区每户常住人口约 3.5 人，常住居民家庭人均居住面积 27.86 m²，且有逐年上升趋势。[21]调研发现，近些年农村牧区新建住宅面积 110 ~ 120 m²，因居住人口不同，家庭结构不同，所需居住空间有所差异。本研究分别选取严寒 B 区的锡林浩特市马日图社区某行政村和严寒 C 区的鄂尔多斯市杭锦旗为代表性地点，以 3 人家庭两居室中面积户型和 4 人家庭三居室大面积户型为研究对象，进行低能耗优化设计并分析其室内热环境和冬季供暖能耗。

6.1　严寒 B 区典型住宅模型建立

6.1.1　两居室户型现状

现状两居室中面积居住户型体形系数较大，共三个开间，平面长宽比接近 5∶4，平面图如图 6.1 所示，基本概况如表 6.1 所示。其主要空间位于建筑南部，内部空间虽进行了基本划分，但未能依据生产、生活对功能空间和热环境的不同需求进行合理科学规划。

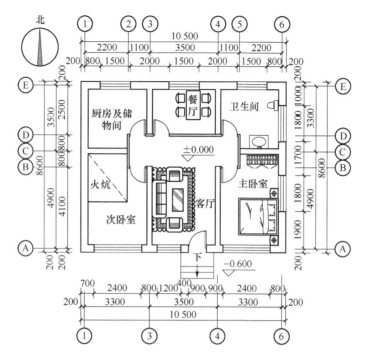

图 6.1　现状两居室中面积居住户型建筑平面

表 6.1　现状两居室中面积居住户型基本概况

项目	层数	层高/m	面积/m²	体形系数	窗墙面积比			
					南向	北向	东向	西向
指标	1	3.4	91.8	0.75	0.28	0.21	0.20	0

内蒙古严寒 B 区现状住宅存在的问题：

（1）平面空间划分不合理。平面空间划分不合理主要表现在：①单个房间进深较大；②住宅北区的厨房、餐厅和卫生间功能不全、面积较小；③住宅南区中间是客厅，客厅两侧分别是主卧室和次卧室，空间具有初步的分区，但是空间形态不利于节能和室内舒适热环境的稳定。

（2）外围护结构热工性能较差。外墙为 370 mm 厚烧结实心黏土砖墙，屋顶为双坡屋面，窗户为双玻单框普通塑料窗，外门为保温防盗门。冬季没有专门的保温设施。外围护结构构造做法及热工性能如表 6.2 所示。

表 6.2　现状两居室中面积户型外围护结构构造做法及热工性能

外围护结构部位	构造做法	传热系数 $K/[W/(m^2 \cdot K)]$	
		现状住宅	标准要求[18]
外　墙	400×200 陶瓷面砖 +6 mm 水泥砂浆找平层 +370 mm 黏土实心砖	1.482	≤0.45
屋　面	红色大瓦 +50 mm 草泥 +10 mm 草垫层 +木檩条层 +石膏板吊顶	1.527	≤0.35
外　窗	单框双玻普通中空（12 mm）塑料窗	2.300	≤2.00
外　门	保温防盗门	1.760	≤2.00
外围护结构部位	构造做法	保温层热阻 $R/[(m^2 \cdot K)/W]$	
		现状住宅	标准要求[18]
地　面	烧结陶瓷面砖 +30 mm 水泥砂浆 +碎石垫层	0	≥1.60

6.1.2　三居室户型现状

三居室户型现状住宅平面长宽比接近 3：2，内部空间有了基本的划分，同样未能依据生产、生活对功能空间和热环境的不同需求而进行合理科学规划。现状住宅平面图如图 6.2 所示，基本概况如表 6.3 所示。

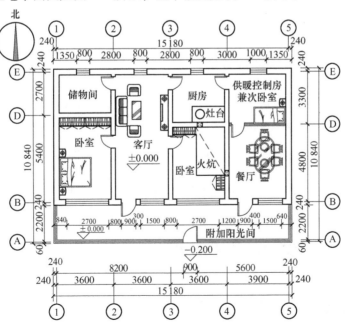

图 6.2　三居室户型现状三居室大面积居住户型建筑平面

表6.3   现状三居室大面积居住户型基本概况

项目	层数	层高/m	面积/m²	体形系数	窗墙面积比			
					南向	北向	东向	西向
指标	1	3.6	130.2	0.65	0.67	0.11	0	0

现状住宅存在的问题：

（1）平面空间划分不合理。住宅南北朝向，该住宅平面空间存在的问题有：①次卧室位于东北角，冬季易受西北寒风影响，且无法获得日照，卫生状况不佳；②南向房间进深较大，客厅进深贯穿建筑南北，不利于住宅冬季蓄热；③无卫生间，生活不便；④附加阳光间进深太大，不利于冬季阳光直接射入室内以维持室内良好的热环境和光环境。

（2）外围护结构热工性能较差。现状建筑外墙墙体为370 mm厚烧结实心黏土砖墙，屋顶为双坡屋面，窗户为单玻双框钢窗，外门为单层木门，冬季没有专门的保温设施。外围护结构构造做法及热工性能如表6.4所示。

表6.4   现状三居室大面积居住户型外围护结构构造做法及热工性能

外围护结构部位	构造做法	传热系数 $K/[W/(m^2 \cdot K)]$	
		现状住宅	标准要求[18]
外 墙	5 mm石灰砂浆内粉刷 + 370 mm黏土实心砖 + 5 mm水泥砂浆找平层 + 白涂料	1.514	≤0.45
屋 面	红色大瓦 + 50 mm草泥 + 10 mm草垫层 + 木檩条层 + 石膏板吊顶	1.527	≤0.35
外 窗	单框双玻普通中空（12 mm）塑料窗	2.500	≤2.00
外 门	单层玻璃木门	4.500	≤2.00
附加阳光间	单玻双框钢窗	2.500	—
外围护结构部位	构造做法	保温层热阻 $R/[(m^2 \cdot K)/W]$	
		现状住宅	标准要求[18]
地 面	烧结面砖 + 30 mm水泥砂浆 + 碎石垫层	0	≥1.60

6.2 严寒C区典型住宅模型建立

6.2.1 两居室户型现状

现状两居室中面积居住户型平面长宽比接近3∶2，平面图如图6.3所示；

基本概况如表6.5所示。

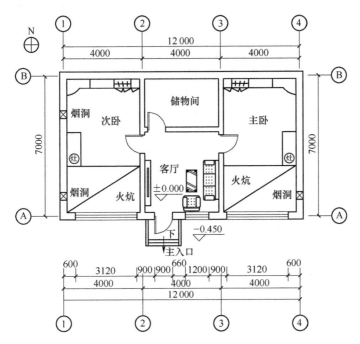

图6.3　现状两居室中面积居住户型建筑平面

表6.5　现状两居室中面积居住户型基本概况

| 项目 | 面积/m² | 室内净高/m | 主要使用房间面积/m² | | | 体形系数 | 窗墙面积比 | | | |
			主卧	客厅	次卧		南向	北向	东向	西向
指标	93.35	2.9	24.5	15.02	24.5	0.80	0.40	0	0	0

现状住宅存在的问题：

（1）平面空间划分不合理。平面空间划分不合理主要是：①卧室与厨房功能混杂，导致卧室油烟大；②客厅存在一定的流线穿插；③室内无卫生间设计，现状居住建筑卫生间设置在院落中，冬季及夜间使用不便；④建筑单向开窗，通风较差。

（2）外围护结构热工性能较差。外墙为370 mm厚烧结实心黏土砖墙，双坡覆瓦屋面，窗户为双玻单框铝合金窗，外门为双层木门，建筑整体的气密性一般。冬季没有专门的保温设施。外围护结构构造做法及热工性能如表6.6所示。

表6.6　现状两居室中面积居住户型外围护结构构造做法及热工性能

外围护结构部位	构造做法	传热系数 $K/[W/(m^2 \cdot K)]$	
		现状住宅	标准要求[18]
外　墙	10 mm 水泥砂浆 + 370 mm 黏土实心砖 + 10 mm 石灰砂浆	1.50	≤0.45
屋　面	红瓦 + 60 mm 草泥垫层 + 塑料布 + 10 mm 木板垫层 + 椽 + 木檩条 + 石膏板吊顶	0.94	≤0.35
外　窗	单框双玻铝合金窗	3.10	≤2.00
外　门	双层木门	2.50	≤2.00
外围护结构部位	构造做法	保温层热阻 $R/[(m^2 \cdot K)/W]$	
		现状住宅	标准要求[18]
地　面	地砖 + 50 mm 水泥砂浆 + 40 mm 碎石垫层 + 素土夯实	0	≥1.10

6.2.2　三居室户型现状

现状三居室大面积居住户型平面长宽比接近 $3:2$，内部空间有了基本的划分，平面图如图6.4所示；基本概况如表6.7所示。

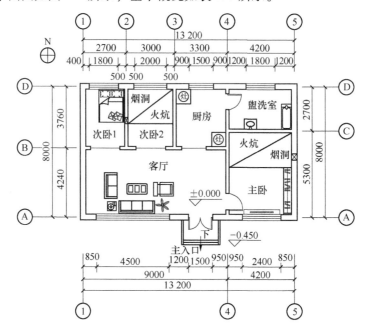

图6.4　现状三居室大面积居住户型建筑平面

表6.7　现状三居室大面积居住户型基本概况

项目	面积/m²	室内净高/m	主要使用房间面积/m²				体形系数	窗墙面积比			
			主卧	客厅	次卧			南向	北向	东向	西向
					次卧1	次卧2					
指标	116.01	2.9	19.46	31.61	7.56	8.71	0.77	0.30	0.30	0	0

现状住宅存在的问题：

（1）平面空间划分不合理。平面空间划分不合理主要体现在：①次卧1位于建筑西北角，受冬季主导风向西北风影响大；②次卧2位于建筑北侧，冷热分区混乱；③室内虽设计了盥洗室但不能满足如厕的需求；④客厅尺度过大，私密性差；⑤无门斗或阳光间设计，冬季受室外冷空气影响大。

（2）外围护结构热工性能较差。外墙为370 mm厚烧结实心黏土砖墙，双坡覆瓦屋面，窗户为双玻单框铝合金窗，外门为双层木门。冬季没有专门的保温设施。外围护结构构造做法及热工性能如表6.8所示。

表6.8　现状三居室大面积居住户型外围护结构构造做法及热工性能

外围护结构部位	构造做法	传热系数 K/[W/(m²·K)]	
		现状住宅	标准要求[18]
外　墙	400×200陶瓷面砖+6 mm水泥砂浆找平层+370 mm黏土实心砖	1.482	≤0.45
屋　面	红瓦+60 mm草泥垫层+塑料布+10 mm木板垫层+椽+木檩条+石膏板吊顶	0.94	≤0.35
外　窗	单框双玻铝合金窗	3.10	≤2.00
外　门	双层木门	2.50	≤2.00

外围护结构部位	构造做法	保温层热阻 R/[(m²·K)/W]	
		现状住宅	标准要求[18]
地　面	地砖+50 mm水泥砂浆+40 mm碎石垫层+素土夯实	0	1.10

6.3　DeST-h能耗模拟软件

DeST平台是清华大学建筑技术科学系环境与设备研究所的研究成果，主要用于对建筑环境的模拟预测和评估，包括居住建筑、学校建筑、医疗建筑等各种建筑类型，涵盖面广。DeST-h 是其中的一个模块，用于模拟居住建筑的各项参数，模拟内容包括住宅室温计算、全年动态负荷计算、末端设备系统经济性分析等内容，涉及建筑室内热环境、湿环境、光环境等方面。

DeST-h 软件界面开发基于常用设计绘图软件，与建筑物相关材料、几何尺寸、内扰等通过数据库接口与用户界面相连。以自然室温为桥梁，联系建筑物和环境控制系统，可以实现分阶段设计、分阶段模拟，既可用于详细地分析建筑物的热特性，又可以模拟系统性能。[21]本研究利用 DeST-h 软件对室内热环境进行逐时模拟并对热负荷进行分析，实现数据的准确化和精细化。

6.4　严寒 B 区住宅冬季室内热环境及供暖能耗

运用模拟仿真软件对严寒 B 区农村牧区现状两居室中面积户型和三居室大面积户型冬季室内热环境和供暖能耗进行分析，并理论计算住宅外墙内表面温度与室内空气温度的差值，以此分析判断住宅外墙内表面对人体的冷辐射及室内热舒适度。

6.4.1　最冷月自然室温模拟

严寒 B 区锡林浩特市马日图社区该行政村的采暖度日数 $HDD18$ 为 5545 ℃·d，最冷月室外平均温度 -18 ℃，累计最冷日平均温度 -29.5 ℃[12]，冬季极端最低温度 -38 ℃，夏季极端最高温度为 39.2 ℃。[12]

1. 作息设定

为了便于比较，两套不同户型住宅的作息设定相同，但因现状住宅空间划分不同，功能空间配置不同，每个户型的作息设置时根据所具有功能空间进行设置。因现状住宅冬季室内热环境不尽相同，室内热环境差异性较大，模拟现状住宅冬季在供暖状况下室内热环境操作不便，且不准确，故选用自然室温来衡量住宅的室内热环境状况。

2. 两居室中面积户型自然室温分析

两居室中面积户型各主要房间 1 月份逐时自然室温与室外温度变化，如图 6.5 所示。

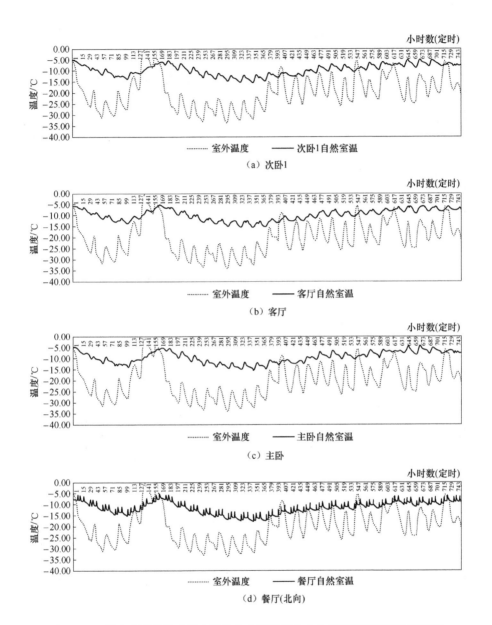

图 6.5　两居室户型现状建筑 1 月份各主要房间室内自然温度与室外温度变化

由图 6.5 可见，各房间室内温度受室外温度变化影响大。1 月份各房间室内温度基本低于 −5 ℃，最低温度约 −15 ℃，温差约 10 ℃。南向房间（次卧1、客厅和主卧）室内温度变化剧烈程度小于北向的餐厅，后者最低温度约 −18 ℃；在正午时刻前后的较大时间段，南向房间接受太阳辐射，提高室内温度，南向

105

房间室内自然温度比餐厅同时间段高。

3. 三居室大面积户型室内自然温度分析

三居室大面积户型现状住宅各主要房间 1 月份逐时自然室温变化与室外温度变化，如图 6.6 所示。

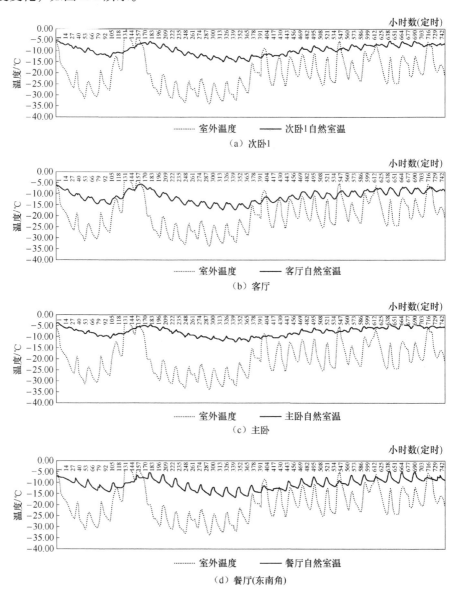

图 6.6　三居室户型现状建筑 1 月份各主要房间室内自然温度与室外温度变化（一）

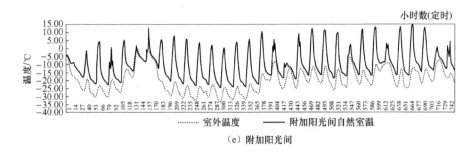

（e）附加阳光间

图 6.6　三居室户型现状建筑 1 月份各主要房间室内自然温度与室外温度变化（二）

由图 6.6 可见，三居室大面积户型 1 月份南向各房间自然室温受室外温度变化影响大。除附加阳光间外，最冷月 1 月份室内最高自然室温均低于 0 ℃，室内热环境很差。附加阳光间内温度波动大，白天中午时间段达到 0 ℃以上，最高约 15 ℃，夜晚降温幅度大，最低温度约 −25 ℃，日平均温差约 30 ℃，热环境稳定性很差。

现状住宅保温性能较差，室内自然室温极低，因农牧民传统供暖设施热效率较低，一般很难将室内热环境品质大幅度提高。

6.4.2　供暖季供暖能耗

假定供暖季农牧民加大供热量，使室内温度达到热环境需求的温度，模拟现状住宅供暖季热负荷指标。

室内温度设定：根据《农村牧区居住建筑节能设计标准》（DBJ 03—78—2017）和现状调研研究结果，设定室内计算温度为 15 ℃。

其他相关影响的设定：卧室、起居室和卫生间空调 24 h 开启，厨房空调开启时间为 6：00 ~ 8：00、11：00 ~ 13：00、18：00 ~ 20：00；餐厅空调开启时间为 7：00 ~ 8：00、11：00 ~ 13：00、18：00 ~ 20：00；储物间为非空调房间；厨房人员作息和设备作息为 7：00 ~ 8：00、12：00 ~ 13：00、19：00 ~ 20：00，无遮阳设施。其余房间人员、灯光、设备等作息及发热量设置采用 DeST - h 软件默认值。

对两种户型供暖季（10 月 14 日 ~ 次年 4 月 18 日）[22]热负荷指标进行模拟计算。模拟计算数据如表 6.9 所示。

表 6.9　两种不同户型现状住宅供暖季热负荷指标

居住类型	两居室中面积居住户型	三居室大面积居住户型
供暖季热负荷指标/(W/m²)	39.21	29.92

从模拟结果看，两居室中面积户型供暖季热负荷指标较三居室大面积户型大，是因为三居室大面积户型南侧有加建的附加阳光间，而两居室中面积户型没有，说明附加阳光间对降低住宅供暖能耗、改善室内热环境有明显效果。

6.4.3 冬至日外墙内表面温度计算

通过计算两种户型冬至日（12月22日）早上7:00西南角房间西侧墙体内外表面温度，分析住宅供暖季室内热环境状况，评价住宅室内热舒适度状况。

在对住宅西侧墙体冬至日早上7:00的内表面及外表面温度计算时，室内计算气温为15℃，室外气温为-19.58℃。该计算结果对于其他外墙体同样适用。大、中两种面积户型住宅外墙体表面温度计算结果如表6.10和表6.11所示。

表6.10　两居室中面积户型冬至日7:00外墙表面温度与相邻气温温差　单位:℃

室外气温 t_e	室内气温 t_i	外表面温度 θ_e	内表面温度 θ_i	$\theta_e - t_e$	$t_i - \theta_i$
-19.58	15.00	-17.49	9.25	2.09	5.75

表6.11　三居室大面积户型冬至日7:00外墙表面温度与相邻气温温差　单位:℃

室外气温 t_e	室内气温 t_i	外表面温度 θ_e	内表面温度 θ_i	$\theta_e - t_e$	$t_i - \theta_i$
-19.58	15.00	-17.42	9.06	2.16	5.94

由以上两表可以看出，这两种户型住宅墙体内表面温度都较低，约9℃，与室内计算气温温差约6℃，壁面冷辐射较大，室内热舒适度较差，对人体健康极为不利。

6.4.4 室内热舒适度

在对室内热舒适度评价时，在不考虑个体差异的情况下，室内热环境主要受室内温度、壁面冷辐射、空气流速和空气湿度的影响。

从模拟数据发现：

（1）1月份室内自然温度很低，自然室温均在0℃以下，即使农牧民增加供热量，传统的供暖设备也不会将室内温度提升很多，所以现状住宅供暖的情况下，室内温度依然不会太高。

（2）虽然室内供热量比较大，可以将室内气温提升到舒适的室内计算温度，但外墙内表面温度与室内气温温差约为6℃，室内冷辐射严重。

（3）内蒙古严寒 B 区气候干燥，室内空气湿度较小，对室内热环境影响较小。

（4）住宅供暖季门窗关闭，但门窗的气密性较差，冷风渗透严重，导致室内风速较大，体感温度比实际温度要低，对人体热感受影响较大。

总之，两种户型室内热环境都较差，热舒适度低，对农牧民生产、生活影响较大，且对农牧民健康不利。

6.5　严寒 C 区住宅冬季室内热环境及供暖能耗

6.5.1　供暖季自然室温

统计严寒 C 区农牧民居住户型供暖季主要使用房间（主卧、次卧和客厅）室内自然温度低于 15 ℃的时间（见表 6.12），分析供暖时间所占比例。

表 6.12　供暖季居住户型室内自然室温

居住类型	房　间	室内自然温度低于 15 ℃的时间/h	室内自然温度低于 15 ℃时间段占供暖季比例（%）	供暖季平均温度/℃
现状两居室中面积居住户型	主　卧	3654	96.35	−5.42
	次　卧	3690	97.30	−6.73
	客　厅	3618	95.42	−5.01
现状三居室大面积居住户型	主　卧	3669	96.75	−5.62
	次卧 1	3753	98.96	−7.73
	次卧 2	3734	98.47	−7.21
	客　厅	3703	97.65	−6.84

通过对两居室中面积、三居室大面积居住户型中的主卧、次卧、客厅的供暖季自然室温统计发现，各主要使用房间自然室温低于 15 ℃的时间段占供暖季比例为 96% ~ 99%，供暖季平均温度为 −8 ~ −5 ℃，各房间室内温度受室外温度变化影响大。

6.5.2　最冷日自然室温

模拟代表性现状居住户型的主要使用房间（卧室和客厅）最冷日自然室温，并进行统计，结果如表 6.13 所示。

表 6.13 最冷日室内自然室温

居住类型	主卧/℃	次卧/℃		客厅/℃
现状两居室中面积居住户型	−9.26 ~ −3.32		−10.75 ~ −3.52	−10.26 ~ −3.49
现状三居室大面积居住户型	−9.31 ~ −3.81	次卧1	−11.44 ~ −3.94	−10.51 ~ −3.71
		次卧2	−10.94 ~ −3.92	

以两居室中面积居住户型为例，分析最冷日主要使用房间室内温度，结果如图 6.7 所示。大面积居住户型温度变化情况与其相似。

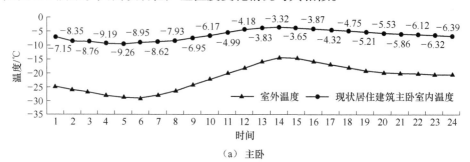

（a）主卧

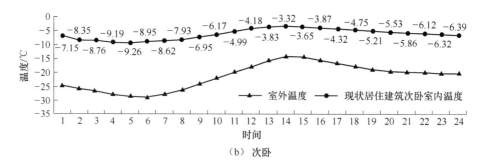

（b）次卧

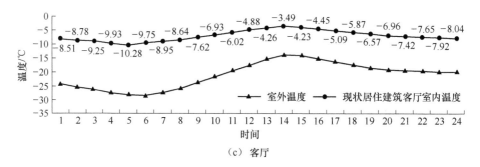

（c）客厅

图 6.7 现状两居室中面积居住户型最冷日自然室温分布

现状两居室中面积居住户型主要使用房间的自然室温范围在 -10.75 ~ -3.32 ℃，现状三居室大面积居住户型主要使用房间的自然室温范围在 -11.44 ~ -3.71 ℃。最冷日一天室外气温平均温差约15 ℃，现状居住户型室内自然室温温差约7 ℃，受室外温度变化影响较明显。

6.5.3　供暖季供暖能耗

1. 参数设定

严寒 C 区鄂尔多斯市杭锦旗供暖度日数为4315 ℃·d[21]，模拟所用气象参数来自中国标准气象数据库（CSWD），供暖季室外平均温度 -4.9 ℃，累年最低日平均温度 -21.5 ℃。

室内供暖计算温度设置为15 ℃，人均发热量为53 W；卧室、客厅和卫生间24 h 供暖，厨房供暖时间设置为 6：00 ~ 8：00，1（"1"代表100% 负荷）；8：00 ~ 11：00，0（"0"代表不工作）；11：00 ~ 13：00，1；13：00 ~ 18：00，0；18：00 ~ 20：00，1；20：00 ~ 6：00，0；储物间、阳光间为非供暖房间。窗帘拉上的时间设置为19：00 ~ 7：00，1；7：00 ~ 19：00，0。厨房人员和设备作息为7：00 ~ 8：00，1；12：00 ~ 13：00，1；19：00 ~ 20：00。其他房间的人员、灯光、设备等作息及发热量采用 DeST - h 软件默认值。

2. 供暖能耗

在不考虑火炕散热的前提下，对代表性居住户型整个供暖季供暖能耗进行模拟，得到供暖季的热负荷指标，如表 6.14 所示。

表 6.14　两种不同户型现状住宅供暖季热负荷指标

居住类型	面积/m²	平均热负荷指标/（W/m²）
现状两居室中面积居住户型	93.35	36.42
现状三居室大面积居住户型	116.01	37.64

从模拟结果可看出，两居室中面积居住户型供暖季平均热负荷为36.42 W/m²；三居室大面积居住户型供暖季平均热负荷为37.64 W/m²。

6.5.4　最冷日表面辐射温度

室外计算温度为 -21.5 ℃，室内设计温度为15 ℃，经计算外墙表面温度如表 6.15 所示。

表6.15　现状居住户型外墙表面辐射温度

项目	外墙热阻/ [(m² · K)/W]	外墙内表面温度 θ_i /℃	外墙外表面温度 θ_e /℃	外墙内外表面 温差/℃
现状居住户型	0.48	6.64	−18.46	25.10

两种户型墙体内表面温度都较低，约7℃，与室内计算气温温差约8℃，壁面冷辐射较大，室内热舒适度较差。

第7章　居住建筑低能耗优化设计

针对内蒙古农村牧区居住建筑存在的问题，从满足农牧民生活、生产习惯的角度，基于《农村牧区居住建筑节能设计标准》（DBJ 03—35—2017），提出低能耗优化方案。低能耗居住建筑既能提高室内舒适度，降低供暖能耗，为农牧民居住建筑的设计与建造提供参考，又符合可持续发展理念。

7.1　优化设计思路

结合严寒地区昼夜温差大、气候干旱、太阳辐射强度大和风速大等气候特征与当地丰富的清洁能源，设计符合《农村牧区居住建筑节能设计标准》（DBJ 03—35—2107）的低能耗被动式太阳能住宅。

7.1.1　平面功能的合理布置

（1）对平面功能进行完善，增加餐厅、卫生间、储物间等辅助空间，更加方便农牧民使用。

（2）动静分区设计，客厅可与餐厅相结合，保证卧室的相对独立，避免各功能空间的相互干扰。

（3）室内热环境是影响人体冷热感觉的环境因素[14]，合理的冷热分区不仅能够提高舒适度，对减少供暖能耗也有很大的作用。因此，根据不同功能空间对热环境要求的不同，进行空间分区设计，将住宅空间分为主要空间（主卧、次卧、客厅）和辅助空间（储物间、卫生间、餐厅和厨房）；并对主要功能空间进行冷热分区设计，分为南北两区，主要空间比辅助空间使用时间长，使用频率高，对热环境要求高，故将主要空间布置在住宅南侧，以更好地获得太阳辐射热；辅助空间布置在住宅北侧，有利于满足不同区域热环境需求，如图 7.1 所示。

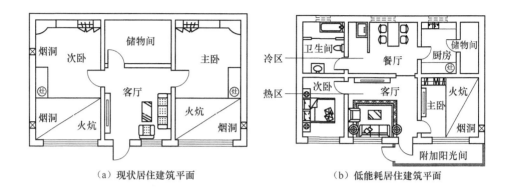

（a）现状居住建筑平面　　　　　　　　　　（b）低能耗居住建筑平面

图7.1　现状居住建筑与低能耗居住建筑平面布局

（4）合理设置温度阻尼区（温度缓冲区）。将辅助空间和附加阳光间分别设置在住宅南北两侧，形成主要空间的温度阻尼区（温度缓冲区），既有利于节能，又能提高主要空间的热舒适度和热稳定性。

（5）减小南向房间进深，利用重质墙体作为蓄热介质，冬季白天阳光直射至墙体，为住宅蓄热；降低外围护结构的传热系数，提高保温性能。

（6）门窗设置利于夏季通风，建筑北侧设置高窗，既可以通过穿堂风改善室内风环境，又确保了居住建筑的私密性；同时出入口避开冬季主导风向，防止冬季冷风直接侵入；提高门窗气密性，减少渗透热负荷。

7.1.2　主要使用房间尺度控制

农牧民自建住宅缺乏科学指导，导致出现房间布置不够合理、尺度过大、浪费室内空间等问题。因此，需结合农牧民的生活习惯进行行为尺度的适宜设计。

根据家庭成员和经济条件的不同，选择不同的空间尺度，同时应注意家具的合理摆放。不同于城市住宅，内蒙古农村牧区居住建筑卧室火炕面积较大，因此，应考虑火炕与不同家具尺寸、日常活动所需空间的整合[23]，如表7.1所示。

表 7.1　主要使用空间尺度

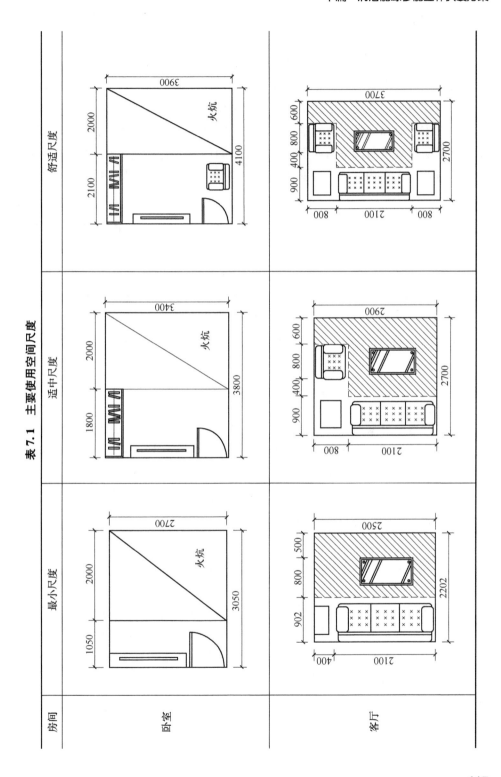

7.1.3 增建阳光间

为适应内蒙古农村牧区冬季寒冷的气候，保证居住建筑室内热舒适度，可在现状居住建筑的基础上增建阳光间。附加阳光间主要有三种形式，如图7.2所示。在主入口和主卧室南侧增建阳光间，既可以防止主卧室冬季夜间温度过低，又能防止夏季白天室内温度过高。阳光间作为一个缓冲空间，可阻挡室外冷空气直接进入室内，减少室内与室外的对流换热量，同时又可以丰富立面效果。

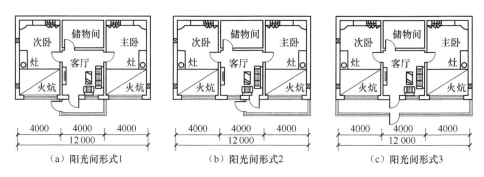

图 7.2　附加阳光间住宅平面

阳光间地面可采用砖石地板，内侧墙可采用灰砂砖砌体，这些材料蓄热系数较大，阳光间在白天通过吸收太阳辐射热使得内部温度升高，一部分热量通过墙体传入室内，一部分储存在墙体、地板等蓄热体中；夜间无日照时，向室内散热，同时外围护结构通过设计保温层减少散热量。阳光间内可以种植花卉或晾晒衣物，用于改善阳光间热环境和湿环境。

7.2 严寒 B 区农村牧区居住建筑低能耗优化设计

针对现状居住建筑现存的问题，以符合农牧民使用需求和提高农牧民居住环境品质为目的，从平面空间整合、外围护结构设计等方面提出符合农村牧区高质量绿色发展要求的居住建筑低能耗优化策略，优化两居室中面积户型和三居室大面积户型两种代表性户型住宅。设计方案经多方案模拟计算对比后，精选出两套方案，分别满足主要的两种家庭结构需求。

7.2.1 两居室户型优化设计

优选的两居室中面积户型住宅平面图如图 7.3 所示,住宅概况如表 7.2 所示。

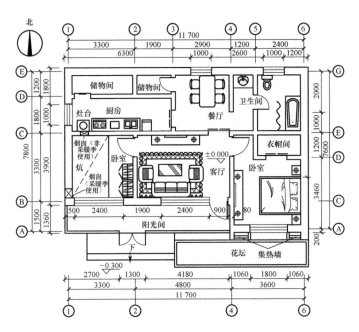

图 7.3 两居室中面积居住户型优化平面

表 7.2 低能耗两居室中面积居住户型基本概况

项目	层数	层高/m	面积/m²	体形系数	窗墙面积比			
					南向	北向	东向	西向
指标	1	3.4	97.5	0.75	0.28	0.21	0	0.20

7.2.2 三居室户型优化设计

优选的三居室大面积户型住宅平面图如图 7.4 所示,基本概况见表 7.3 所示。

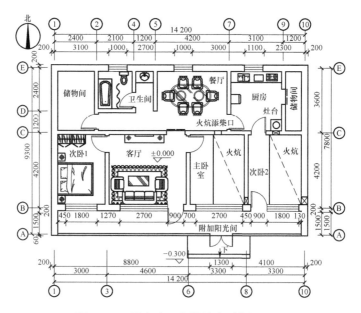

图 7.4 三居室大面积居住户型优化平面

表 7.3 低能耗三居室大面积居住户型基本概况

项目	层数	层高/m	面积/m²	体形系数	窗墙面积比			
					南向	北向	东向	西向
指标	1	3.6	142.5	0.61	0.66	0.11	0	0

7.2.3 平面优化设计方案

平面优化设计方案具体如下:

(1) 将住宅空间划分为主要空间(客厅、主卧和次卧)和辅助空间(储藏室、卫生间、餐厅和厨房),并进行冷热分区,利于满足不同区域热环境需求。

(2) 将辅助空间布置在北侧,成为主要空间温度缓冲区,既有利于节能又能提高主要空间的热舒适度和热稳定性。

(3) 附加阳光间进深为 1.5 m,利于冬季阳光直射入室内且利于住宅南墙蓄热,同时减少夜间散热量,提高太阳能利用率,利于维持主要空间的热舒适度和热稳定性。因高纬度地区冬季太阳高度角和方位角相对较小,白天通过附加阳光间东西侧玻璃获得太阳辐射热量少,夜间散热量却较大,故将阳光间东西两侧改为 240 mm 砖墙，以减少夜间散热量。

（4）将储物间布置在建筑东北角、西北角，成为辅助空间的温度阻尼区，提高建筑室内空间热环境的稳定性。

（5）减小南向房间进深，利用重质墙体作为蓄热介质，为住宅蓄热。

（6）门窗设置利于夏季通风，改善室内夏季舒适度；同时出入口避开冬季主导风向，防止冬季冷风直接侵入。

（7）提高门窗气密性，减少冷风渗透热负荷。

（8）主卧和次卧 2 设置火炕，符合农牧民生活方式和习惯，有利于农牧民身体健康。

7.2.4　外围护结构优化设计

低能耗住宅外围护结构构造做法依据《农村牧区居住建筑节能设计标准》（DBJ 03—78—2017），构造做法及热工性能如表 7.4、表 7.5 所示。

表 7.4　低能耗两居室中面积居住户型外围护结构构造做法及热工性能

外围护结构部位	构造做法	传热系数 K/[W/(m²·K)]	
		低能耗住宅	现状住宅
外　墙	内墙腻子 + 20 mm 水泥砂浆 + 190 mm 混凝土空心砌块 + 5 mm 水泥砂浆找平层 + 110 mm EPS 保温系统 + 防水涂料	0.322	1.482
屋　面	大瓦 + 20 mm 水泥砂浆层 + SBS 卷材防水层 + 25 mm 水泥砂浆 + 110 mmEPS 板保温系统 + 石膏板吊顶	0.331	1.527
外　窗	白色塑料框 + LOW－E 膜中空玻璃窗	2.030	2.300
外　门	白色塑料高透低辐射 LOW－E 玻璃门	1.700	1.760
附加阳光间	白色塑料框 + LOW－E 膜中空玻璃窗	2.030	—
外围护结构部位	构造做法	保温层热阻 R/[(m²·K)/W]	
		低能耗住宅	现状住宅
地　面	面砖 + 20 mm 水泥砂浆找平层 + 60 mm XPS 板 + 混凝土 60 mm 垫层 + 素土夯实	1.600	0

表 7.5 低能耗三居室大面积居住户型外围护结构构造做法及热工性能

外围护结构部位	构造做法	传热系数 K/[W/(m²·K)]	
		低能耗住宅	现状住宅
外 墙	内墙腻子 + 20 mm 水泥砂浆 + 190 mm 混凝土空心砌块 + 110 mmEPS 保温板 + 90 mm 混凝土空心砌块 + 防水涂料	0.309	1.514
屋 面	大瓦 + 20 mm 水泥砂浆层 + SBS 卷材防水层 + 25 mm 水泥砂浆 + 110 mmEPS 板保温系统 + 石膏板吊顶	0.331	1.527
外 窗	白色塑料框 + LOW - E 膜中空玻璃窗	2.030	2.500
外 门	白色塑料高透低辐射 LOW - E 玻璃门	1.700	4.500
附加阳光间	白色塑料框 + LOW - E 膜中空玻璃窗	2.030	2.500
外围护结构部位	构造做法	保温层热阻 R/[(m²·K)/W]	
		低能耗住宅	现状住宅
地 面	面砖 + 20 mm 水泥砂浆找平层 + 60 mm XPS 板 + 混凝土 60 mm 垫层 + 素土夯实	1.600	0

外墙保温构造形式分别采用了外保温和夹心保温，并不对应特定的户型，而是考虑牧区发展养殖业，适宜采用夹心保温；农区发展种植业，可用外保温。

7.3 严寒 B 区低能耗住宅与现状住宅模拟对比

7.3.1 最冷月自然室温对比

根据《农村牧区居住建筑节能设计标准》（DBJ 03—78—2017）要求，换气次数设定为 0.5 次/h，模拟获得最冷月主要房间室内自然温度与室外温度的变化情况，并与现状住宅对比。

（1）两居室中面积户型住宅最冷月（1 月）主要房间室内自然室温对比如图 7.5 所示。

由图 7.5 可以看出，1 月份低能耗两居室中面积户型南向房间自然室温比现状住宅逐时高约 18 ℃，1 月份室内最高自然室温接近 15 ℃，整个 1 月份温度变化较平稳，室内热环境改善明显。

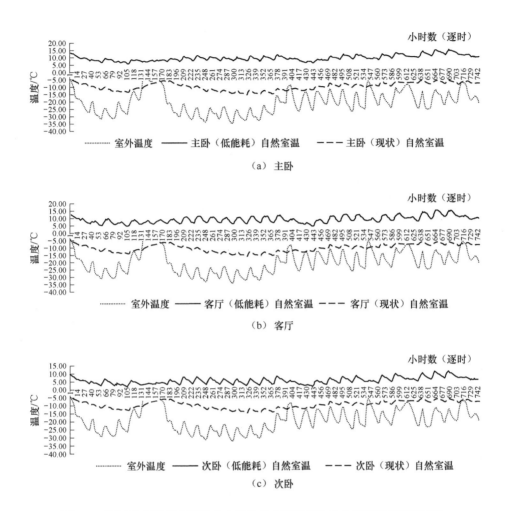

图 7.5　两居室中面积户型住宅 1 月份各主要房间室内自然室温度变化对比

（2）三居室大面积居住户型住宅最冷月（1 月）主要房间室内自然室温对比如图 7.6 所示。因低能耗住宅次卧 2 与现状住宅餐厅位置一致，故将这两个房间室内自然温度进行比较。

从图 7.6 中可以发现，低能耗三居室大面积户型住宅南向各主要房间 1 月份逐时自然室温比现状住宅的高约 15 ℃，显著提升了室内自然室温，且最低温度均高于 0 ℃，最高温度达到 12 ℃。附加阳光间室内温度波动较大，中午前后时间段附加阳光间内温度较高，应注意将附加阳光间内热量引导传入其他房间，提高其他房间室内温度。

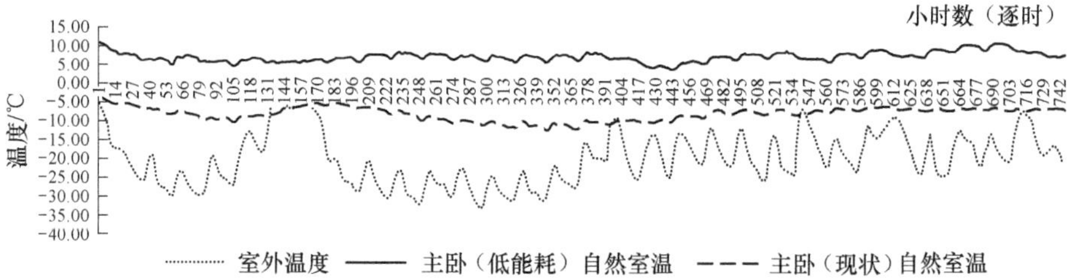

（a）主卧

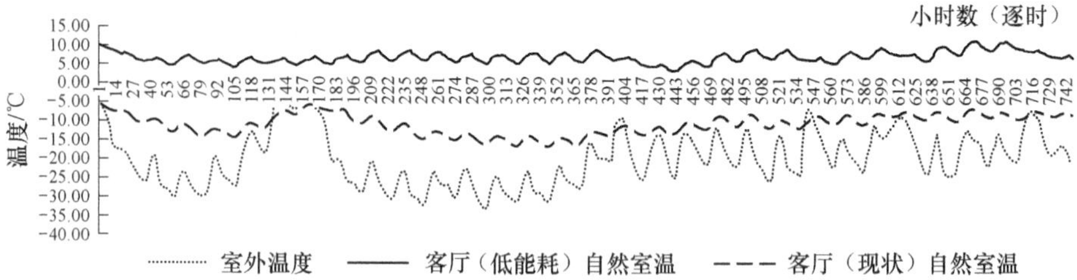

（b）客厅

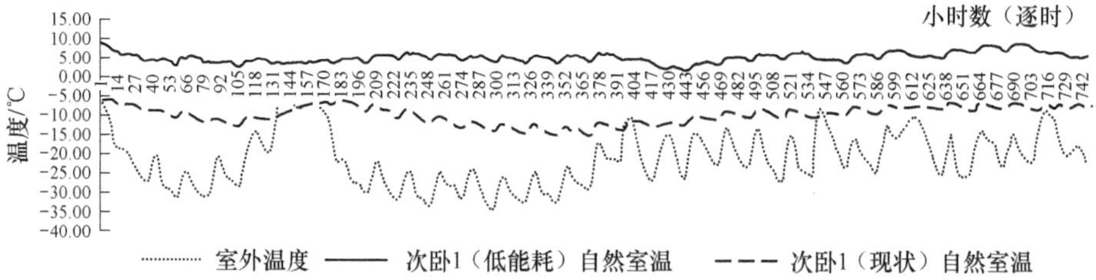

（c）次卧1

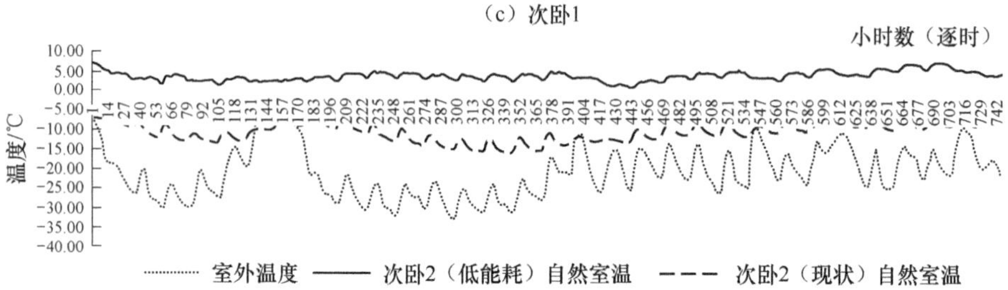

（d）次卧2

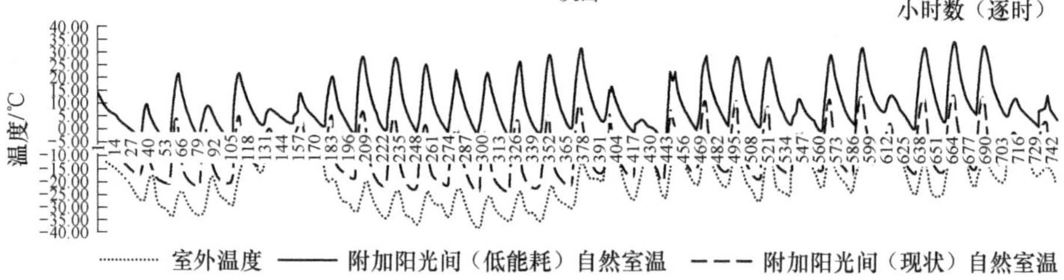

（e）附加阳光间

图7.6　三居室大面积户型住宅1月份各主要房间室内自然室温度变化对比

7.3.2　供暖季室内自然温度对比

（1）两居室中面积户型住宅供暖季主要房间自然室温统计结果如表 7.6 所示。

表 7.6　低能耗两居室中面积居住户型与现状住宅供暖季室内自然温度统计对比

类　型	项　目	室外	次卧 1	客厅	主卧	附加阳光间
现状居住户型	供暖季低于 15 ℃时间/h	4435	4483	4488	4483	—
	时间段占供暖季比例（%）	98.82	99.89	100	99.89	—
	供暖季内最低温度/℃	−33.60	−15.36	−15.22	−15.10	—
	供暖季内最高温度/℃	23.39	15.63	13.67	15.73	—
	温差/℃	56.99	30.99	28.89	30.83	—
低能耗居住户型	供暖季低于 15 ℃时间/h	4435	2445	1690	1592	1903
	时间段占供暖季比例（%）	98.82	54.48	37.66	35.47	42.40
	供暖季内最低温度/℃	−33.60	1.55	4.52	5.68	−8.92
	供暖季内最高温度/℃	23.39	29.93	33.17	33.49	45.01
	温差/℃	56.99	28.38	28.65	27.81	53.93

由表 7.7 可以看出，现状住宅自然室温低于 15 ℃的时间段与室外温度基本一致，且略大。而低能耗住宅次卧 1 自然室温低于 15 ℃的时间段由现状住宅的超过 99% 减少到 55% 以下，降幅约 44%；客厅和主卧减少到 36% 左右，降幅达 63.0%，说明整个供暖季室内自然温度提升很大。

（2）三居室大面积户型住宅供暖季主要房间自然室温统计结果见表 7.7。

表 7.7　低能耗三居室大面积居住户型与现状住宅供暖季室内自然温度统计对比

类　型	项　目	室外	次卧 1	客厅	主卧	餐厅	附加阳光间
现状居住户型	供暖季低于 15 ℃时间/h	4435	4459	4488	4410	4463	3753
	时间段占供暖季比例（%）	98.82	99.35	100	98.26	99.44	83.62
	供暖季内最低温度/℃	−33.60	−14.73	−16.90	−12.41	−16.17	−24.52
	供暖季内最高温度/℃	23.39	15.92	14.79	16.60	16.43	44.03
	温差/℃	56.99	30.65	31.69	29.01	32.60	68.55
低能耗居住户型	供暖季低于 15 ℃时间/h	4435	2075	1783	1717	2355	1488
	时间段占供暖季比例（%）	98.82	46.23	39.73	38.26	52.47	33.16
	供暖季内最低温度/℃	−33.60	1.79	3.07	3.74	0.45	−5.62
	供暖季内最高温度/℃	23.39	28.17	29.90	29.96	27.13	58.37
	温差/℃	56.99	26.38	26.83	26.22	26.68	63.99

由表7.8可以看出，低能耗住宅南向各房间室内自然室温提升较大，最低温度由低于 -12 ℃ 提升到 0 ℃ 以上，最低温度提高约15 ℃。低于15 ℃ 的温度区间时间占比由大于83%减少到53%以下。但是附加阳光间室温最低温度低于其他各房间，最高温高于其他各房间，温差较大，应注意引导附加阳光间内热量向其他房间传递，提高其他房间室内温度。

7.3.3 供暖季供暖能耗对比

条件设定：室内换气次数设定与自然室温模拟时一致，各房间窗户合理使用保温窗帘，减小夜间窗户冷辐射，既提高热舒适度，降低供暖能耗，也提高住宅的私密性。保温窗帘于 19:00 ~ 次日 7:00 拉上，其他时间打开。采用具有内蒙古地域特色的 12 mm 厚羊毛毡为附加阳光间保温。羊毛毡装置设计成冬夏两用，冬季夜间可以保温，减少冷辐射，降低供暖能耗，提高室内热舒适度；夏季作为遮阳设施，可防止室内过热。羊毛毡热物理性能如表7.8所示，羊毛毡覆盖附加阳光间后效果如图7.7所示。

表 7.8 12 mm 羊毛毡热特性参数[25]

性能指标	表观密度 ρ_0 / (kg/m³)	导热系数 λ / [W/(m · K)]	比热容 C/ [kJ/(kg · K)]	传热系数/ [W/(m² · K)]	热阻/ [(m² · K)/W]	热惰性指标 D
羊毛毡	150	0.058	1.88	4.8	0.21	0.26

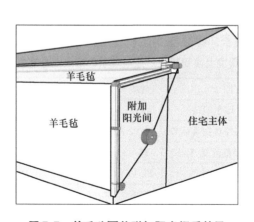

图 7.7 羊毛毡覆盖附加阳光间后效果

通过模拟计算，两种低能耗住宅与对应现状住宅供暖季能耗结果如表7.9所示。

表 7.9　低能耗住宅与现状住宅供暖季供暖能耗对比

类别	现状住宅		低能耗住宅	
	两居室户型	三居室户型	两居室户型	三居室户型
建筑面积/m²	91.8	130.2	99.15	140.05
供暖季热负荷指标/(W/m²)	39.21	29.92	7.27	5.79
建筑节能率（%）	—	—	81.46	80.65

由表 7.9 中可以看出，低能耗住宅相比现状住宅节能效果明显，两个套型节能率都在 80% 以上，大幅度降低了住宅供暖季供暖能耗。

7.3.4　外墙表面温度与相邻空气温差对比

将低能耗住宅与现状住宅冬至日早上 7：00 外墙体内、外表面温度与相邻空气温差比较。其他外墙同样适用。

1. 两居室中面积居住户型

低能耗住宅与现状住宅外墙表面温度与相邻空气温差统计如表 7.10 所示。

表 7.10　两居室中面积居住户型冬至日 7：00 次卧 1 西墙内外表面温度与相邻空气温差

项目	室外气温 t_e	室内气温 t_i	外表面温度 θ_e	内表面温度 θ_i	$\theta_e - t_e$	$t_i - \theta_i$
现状住宅温度/℃	-19.58	15.00	-17.42	9.06	2.16	5.94
低能耗住宅温度/℃	-19.58	15.00	-19.14	13.78	0.44	1.22

由表 7.10 中可以看出，内表面温度提升 4.72 ℃，与室内气温温差减小到 1.22 ℃，大幅降低了室内壁面冷辐射，提高了室内的热舒适度。外表面温度降低 1.72 ℃，与室外空气温度温差降低到 0.44 ℃，减缓了住宅的散热速度，减少了供暖能耗。

2. 三居室大面积居住户型

低能耗住宅与现状住宅外墙表面温度与相邻空气温差统计如表 7.11 所示。

表 7.11　三居室大面积居住户型冬至日 7：00 次卧 1 西墙内外表面温度与相邻空气温差

项目	室外气温 t_e	室内气温 t_i	外表面温度 θ_e	内表面温度 θ_i	$\theta_e - t_e$	$t_i - \theta_i$
现状住宅温度/℃	-19.58	15.00	-17.49	9.25	2.09	5.75
低能耗住宅温度/℃	-19.58	15.00	-19.15	13.82	0.43	1.18

由表 7.11 中可以看出，内表面温度提升 4.57 ℃，与室内气温温差减小到 1.18 ℃，大幅降低了室内表面冷辐射，提高了室内的热舒适度。外表面温度降低 1.66 ℃，与室外空气温度温差降低到 0.43 ℃，减缓了住宅的散热速度，减少了供暖能耗。

7.3.5 室内热舒适度比较

模拟分析发现低能耗住宅节能率在 80% 左右，节能效果明显。供暖季室内最低自然温度提升约 13 ℃，且最高温与最低温温差降低约 3 ℃，室内热稳定性提高；外墙保温性能提高，降低了外墙内表面与室内气温的温差，减小了壁面冷辐射；门窗气密性提高，在门窗关闭的状态下冷风渗透减弱，室内空气流速降低，所以体感温度与实际温度的温差减小。综上比较表明，低能耗住宅热舒适度较现状住宅有大幅度提高，且节能效果明显。

7.4 严寒C区农村牧区居住建筑低能耗优化设计

对代表性两居室中面积居住户型和三居室大面积居住户型进行优化，经多方案模拟计算比较后精选出两个方案，分别适宜两种家庭结构需求。

7.4.1 两居室户型优化设计

优化后的两居室中面积居住户型平面图如图 7.8 所示，住宅概况如表 7.12 所示。

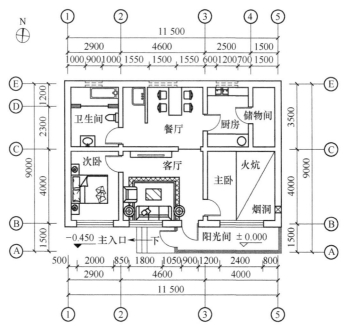

图 7.8 两居室中面积户型住宅优化平面

表 7.12　两居室中面积户型住宅基本概况

项目	面积/m²	室内净高/m	主要使用房间面积/m²			体形系数	窗墙面积比			
			主卧	客厅	次卧		南向	北向	东向	西向
指标	104.82	2.9	17.32	19.58	13.06	0.73	0.40	0.09	0	0

7.4.2　三居室户型优化设计

优化后的三居室大面积居住户型平面图如图 7.9 所示，基本概况如表 7.13 所示。

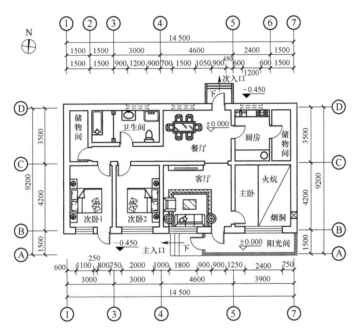

图 7.9　三居室大面积农牧民居住户型优化平面

表 7.13　三居室大面积居住户型基本概况

项目	面积/m²	室内净高/m	主要使用房间面积/m²				形系数	窗墙面积比			
			主卧	客厅	次卧			南向	北向	东向	西向
					次卧1	次卧2					
指标	132.42	2.9	17.54	20.52	14.04	14.29	0.74	0.31	0.07	0	0

7.4.3 平面优化设计方案

平面优化设计方案如下：

（1）最佳朝向的确定能够最大限度地接受太阳辐射热，使室内温度得到提升。

（2）将住宅空间划分为主要空间（客厅、主卧和次卧）和辅助空间（储物间、卫生间、餐厅和厨房），并进行冷热分区，有利于满足不同区域热环境需求。

（3）增加居住建筑东西向长度，将卧室和客厅布置在南侧可以更好地接受太阳光。卧室和客厅舒适的空间尺度更加方便农牧民使用，且增加了房间的私密性。

（4）主卧设有火炕，既符合农牧民的生活习惯，又提高了室内温度，增加舒适度。

（5）将卫生间、储物间布置在建筑北侧，作为温度阻尼空间缓冲冬季冷空气的影响。

（6）南向主卧和入口处设置阳光间，在防止冬季冷空气直接进入室内的同时提高主卧温度。

（7）建筑北立面设置高窗，采光的同时增加私密性，且利于夏季通风。

7.4.4 外围护结构优化设计

加强外墙、屋顶、地面的保温，减少通过外围护结构的传热量，提高门窗的气密性，降低空气换气耗热量，在降低供暖能耗的同时提高了室内热舒适度。

1. 外墙的优化设计

依据《农村牧区居住建筑节能设计标准》（DBJ 03—78—2017）的推荐，可选用混凝土空心砌块、EPS 板外保温墙体，或选用非黏土实心砖（烧结普通页岩、煤矸石砖）、EPS 板外保温墙体，如表 7.14 所示。

表7.14　外墙构造形式

名　称	构造简图	构造层次
非黏土实心砖、EPS 板外保温墙体		1—20 mm 混合砂浆 2—240 mm 灰砂砖墙 3—10 mm 水泥砂浆找平层 4—胶黏剂 5—100 mmEPS 板 6—5 mm 抗裂砂浆压入耐碱玻纤网格布 7—瓷砖

2. 屋面的优化设计

采取保温措施后的双坡屋面如表 7.15 所示。

表7.15　屋面构造形式

名　称	构造简图	构造层次
XPS 模块天棚保温系统		1—彩钢板 2—10 mm 纤维水泥平板 3—檩条 4—20 mm 屋架层 5—C 型钢龙骨 6—20 mm 纤维水泥平板 7—100 mmXPS 板 8—石膏板吊顶

3. 门窗的优化设计

良好的气密性设计可以有效减少室内外空气的热交换，是降低室内供暖能耗、提高室内热舒适的最有效措施。[25]为增加门的保温性能，使用双层木门。

低能耗居住建筑选择塑钢窗，塑钢窗保温性能良好，传热系数低，并且价格偏低，适合农村牧区使用。窗玻璃选择热工性较好的 Low－E 中空玻璃，可以有效降低供暖能耗。

低能耗住宅外围护结构构造做法及热工性能如表 7.16 所示。

表7.16　低能耗住宅外围护结构构造做法及热工性能

外围护结构部位	构造做法	传热系数/[W/(m²·K)]	标准[1]规定传热系数/[W/(m²·K)]
外　墙	20 mm 混合砂浆，240 mm 灰砂砖墙，10 mm 水泥砂浆找平层，胶黏剂100 mm EPS板，5 mm 抗裂砂浆压入耐碱玻纤网格布，瓷砖	0.384	0.5
外　门	木质保温门	1.8	2.0
外　窗	LOW－E膜中空玻璃窗＋塑钢窗	2.1	南向2.2，其他向2.0
屋　面	彩钢板，10 mm 纤维水泥平板，檩条，20 mm 屋架层，C型钢龙骨，20 mm 纤维水泥平板，100 mmXPS板，石膏板吊顶	0.23	0.4

外围护结构部位	构造做法	保温层热阻/[(m²·K)/W]	
地　面	地砖，20 mm 水泥砂浆找平层，60 mm XPS板，50 mm 混凝土垫层，素土夯实	1.60	

7.5　严寒C区低能耗住宅与现状住宅模拟对比

7.5.1　全年自然室温对比

自然室温是指在不考虑任何主动供暖或制冷时，在室外气象条件和太阳能供热量、生活产热量联合作用下的室内空气温度，它全面反映建筑物本身性能受室外气象参数的影响程度。[26]通过对比农牧民居住建筑全年自然室温，可以分析农牧民居住建筑自然室温随室外气温变化的影响情况。

模拟地点为鄂尔多斯市杭锦旗，所用气象参数来自中国标准气象数据库（CSWD），年平均气温6.8 ℃。人均发热量为53 W；农牧民居住建筑不进行主动式供暖或制冷；在夏季和过渡季节自然通风，冬季只考虑渗透风量；窗帘拉上的时间设置为19：00～7：00，1（"1"代表100%负荷）；7：00～19：00，0（"0"代表不工作）；厨房人员和设备作息设置为7：00～8：00，1；12：00～13：00，1；19：00～20：00，1。其他房间人员、灯光、设备等作息及发热量采用 DeST – h 软件默认值。

对中面积、大面积低能耗居住户型和现状居住户型整年主要使用房间自然室温进行统计对比，结果如图 7.10、图 7.11 所示。

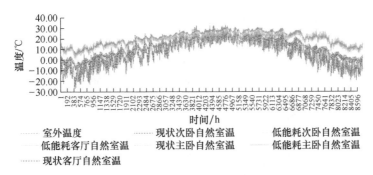

图 7.10　低能耗两居室中面积居住户型和现状居住户型全年自然室温分布情况

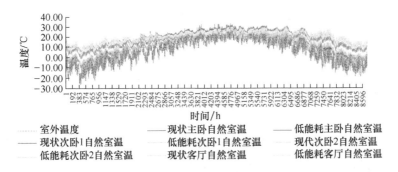

图 7.11　低能耗三居室大面积居住户型和现状居住户型全年自然室温分布情况

从图中可以看出，相比于现状建筑，低能耗居住户型夏季在自然通风情况下室温有所升高，但差别不大，冬季自然室温显著升高 10 ~ 15 ℃，而且自然室温相对稳定，随室外气温变化幅度相对较小。这表明低能耗居住户型外围护结构热惰性指标大，热稳定性好，对环境有较强的抵抗力。

7.5.2　供暖季自然室温统计分析

统计农牧民居住建筑不同居住户型供暖季主要使用房间（主卧、次卧和客厅）室内自然温度低于 15 ℃的时间，与低能耗建筑对比分析需要供暖时间所占比例，如表 7.17 所示。

表 7.17　供暖季居住户型室内自然室温对比

类　型	房　间	自然室温低于 15 ℃ 的时间/h	供暖季自然室温低于 15 ℃ 时间占供暖季比例（%）	供暖季平均温度/℃
现状两居室中面积居住户型	主　卧	3654	96.35	−5.42
	次　卧	3690	97.30	−6.73
	客　厅	3618	95.42	−5.01
低能耗两居室中面积居住户型	主　卧	1385	36.52	9.57
	次　卧	1457	38.41	8.33
	客　厅	1424	37.54	8.96
现状三居室大面积居住户型	主　卧	3669	96.75	−5.62
	次卧 1	3753	98.96	−7.73
	次卧 2	3734	98.47	−7.21
	客　厅	3703	97.65	−6.84
低能耗三居室大面积居住户型	主　卧	1393	36.74	9.85
	次卧 1	1464	38.62	8.03
	次卧 2	1436	37.87	8.46
	客　厅	1383	36.47	8.95

　　由对居住户型供暖季自然室温的统计可以看出，低能耗居住户型自然室温低于 15 ℃ 的时间明显减少，由现状的 95% 以上减少到 39% 以下，需供暖时间极大减少。供暖季自然室温提高 14 ℃ 左右，说明低能耗居住户型外围护结构保温性能得到提升，极大减少了散热量。

7.5.3　最冷日自然室温对比

　　对现状居住户型和低能耗居住户型进行模拟，分别对主要使用房间卧室和客厅最冷日自然室温进行统计，结果如表 7.18 所示。

表 7.18　最冷日室内自然室温对比　　　　　　　　单位:℃

居住类型	主　卧	次　卧		客　厅
现状两居室中面积居住户型	−9.26 ~ −3.32	−10.75 ~ −3.52		−10.26 ~ −3.49
低能耗两居室中面积居住户型	7.92 ~ 9.95	6.83 ~ 9.47		7.24 ~ 9.33
现状三居室大面积居住户型	−9.31 ~ −3.81	次卧 1	−11.44 ~ −3.94	−10.51 ~ −3.71
		次卧 2	−10.94 ~ −3.92	
低能耗三居室大面积居住户型	7.15 ~ 9.53	次卧 1	6.34 ~ 9.95	7.03 ~ 9.54
		次卧 2	6.85 ~ 9.50	

中面积居住户型最冷日主要使用房间自然室温统计结果如图 7.12 所示。大面积居住户型温度变化情况与其相似。

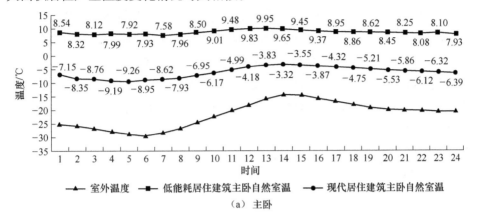

（a）主卧

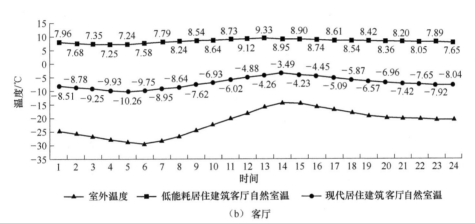

（b）客厅

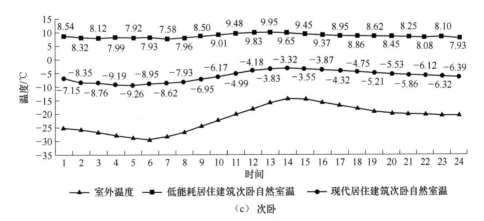

（c）次卧

图 7.12　中面积低能耗居住建筑和现状居住建筑最冷日自然室温分布

现状两居室中面积居住户型主要使用房间的自然室温范围在 -10.75 ~ -3.32 ℃，低能耗居住户型主要使用房间的自然室温范围在 6.83 ~ 9.95 ℃，平均温度提高 14.16 ℃；现状三居室大面积居住户型主要使用房间的自然室温范围在 -11.44 ~ -3.71 ℃，低能耗居住户型主要使用房间的自然室温范围在 6.34 ~ 9.95 ℃，平均温度提高 14.75 ℃，自然室温显著提高。

最冷日室外气温温差约 15 ℃，现状居住户型室内自然室温温差 7 ℃左右，低能耗居住户型室内自然室温温差 2 ~ 3 ℃，对比可知，低能耗居住户型热稳定性好，受室外环境影响较小。

7.5.4 供暖季供暖能耗分析

1. 参数设定

模拟地点鄂尔多斯市杭锦旗供暖度日数为 4315 ℃·d[1]，模拟所用气象参数来自中国标准气象数据库（CSWD），供暖季室外平均温度 -4.9 ℃，累年最低日平均温度 -21.5 ℃。

室内供暖计算温度设置为 15 ℃，人均发热量为 53 W；卧室、客厅和卫生间 24 h 供暖，厨房供暖时间设置为 6:00 ~ 8:00，1（"1"代表 100% 负荷）；8:00 ~ 11:00，0（"0"代表不工作）；11:00 ~ 13:00，1；13:00 ~ 18:00，0；18:00 ~ 20:00，1；20:00 ~ 6:00，0；储物间、阳光间为非供暖房间。窗帘拉上的时间设置为 19:00 ~ 7:00，1；7:00 ~ 19:00，0。厨房人员和设备作息设置为 7:00 ~ 8:00，1；12:00 ~ 13:00，1；19:00 ~ 20:00，1。其他房间人员、灯光、设备等作息及发热量采用 DeST - h 软件默认值。

2. 供暖能耗对比

在不考虑火炕散热的前提下，模拟居住户型整个供暖季供暖能耗，得到供暖季的热负荷指标，如表 7.19 所示。

表 7.19　供暖季热负荷对比分析

居住类型	面积/m²	平均热负荷指标/(W/m²)	节能率（%）
现状两居室中面积居住户型	93.35	36.42	79.90
低能耗两居室中面积居住户型	104.82	7.32	
现状三居室大面积居住户型	116.01	37.64	81.99
低能耗三居室大面积居住户型	132.42	6.78	

从表 7.19 中可看出，中面积居住户型供暖季平均热负荷由现状的

36.42 W/m² 降低到 7.32 W/m²，节能率达到 79.90%；大面积居住户型供暖季平均热负荷由现状的 37.64 W/m² 降低到 6.78 W/m²，节能率达到 81.99%。

7.5.5　最冷日表面辐射温度对比

当室外计算温度为 -21.5 ℃时，室内设计温度为 15 ℃，经计算，外墙壁面温度如表 7.20 所示。

表 7.20　壁面辐射温度对比分析　　　　　　单位:℃

居住类型	外墙内表面温度 θ_i	外墙外表面温度 θ_e	外墙内外表面温差
现状居住户型	6.64	-18.46	25.10
低能耗居住户型	13.37	-20.91	34.28

最冷日低能耗居住户型比现状居住户型外墙内表面温度提高了 6.73 ℃。可见，低能耗居住户型外墙保温性能提高，壁面冷辐射大幅降低，在同样室内空气温度条件下，增加了人体热舒适感。空气流速也是影响人体热舒适的主要因素之一，低能耗居住户型外围护结构气密性能的提升大大减少了冬季冷空气渗透。因此，室内热舒适感显著增强。

第8章 清洁能源多能互补供暖平衡方案

内蒙古农村牧区农牧民居住建筑实现多能互补供暖平衡的思路是：对农牧民居住建筑平面空间进行优化设计；提高外围护结构热工性能；充分利用太阳能，提高火炕热效率；通过光电、风电、空气源热泵等清洁能源进行补充供热，实现可再生能源高效利用、多能互补、供暖平衡，为农牧民提供适宜的室内热舒适度。

8.1 供暖平衡理论

供暖平衡是指在室内温度达到设计温度 15 ℃时，低能耗居住建筑供热量与所需热量平衡的状态，即室内热量供需平衡。调研发现，火炕仍是内蒙古农村牧区居住建筑冬季普遍采用的传统供暖设施之一，这既是当地农牧民悠久的生活习惯，也是地域建筑文化的组成部分。火炕既可以利用炊事余热为住宅供暖，又对农牧民身体健康有利。因此，在低能耗住宅中也布置了火炕，根据房间布局可以选用灶连炕，也可单独烧炕供暖。

经充分分析农牧民生产生活习惯及用能供暖条件，得出供暖平衡计算公式为

$$q = q_1 - q_2 - q_3 - q_4 \qquad (8.1)$$

式中 q ——平衡供热量，W/m^2；

     q_1 ——住宅所需供热量；

     q_2 ——太阳能供热量；

     q_3 ——生活产热量；

     q_4 ——火炕散热量。

计算出平衡供热量 q 是实现供暖平衡、设备选型的前提和基础。

8.1.1　太阳能供热量 q_2

太阳能供热量 q_2 包括住宅外围护结构外表面吸收的太阳能辐射经过外围护结构传入室内的热量以及太阳光透过门窗及附加阳光间进入室内的热量两部分。外围护结构保温性能越好，太阳能热量传入室内的也就越少。低能耗住宅外围护结构传热系数小，所以太阳辐射通过外围护结构传入室内的热量也就少。对低能耗住宅而言，太阳能供热量主要是通过玻璃进入室内的热量。通过玻璃进入室内的热量一部分是直射入室内的热量，另一部分是玻璃外表面吸收热量后传入室内的热量。

先求出投射在玻璃上的直接日照射、天空散射日照射和地面反射日照射的辐照量，再分别计算透过玻璃和被玻璃吸收后传入的热量，即可得到透过玻璃传入室内的日照射总量。

低能耗住宅获得的太阳供热量既与住宅所处的地理位置、朝向、窗户位置和大小、玻璃层数等有关，也与当地的日照率、太阳辐射强度、照射角度等有关，理论计算太阳能供热量是极为复杂的[27]，通常借助计算机辅助计算。本研究利用 DeST - h 模拟分析软件在计算居住建筑耗热量指标时，其输出结果中已包含太阳能供热量 q_2。

8.1.2　生活产热量 q_3

住宅得热主要分为内扰和外扰两部分。内扰部分就是家中生产、生活中设备及人体所产生的热量，包括炊事、照明、家电和人体散热等。目前内蒙古农牧民生活条件改善，住宅内家电设备等与城镇居民家庭配置相近，所以，将农牧民住宅生活产热量 q_3 也取 3.80 W/m^2，而且这一取值在 DeST - h 软件输出的住宅耗热量指标值中也已计算在内。

8.1.3　火炕散热量 q_4

火炕的砌筑方式、材料、烟道布置形式都会影响火炕的热舒适度和热效率。炕体从高温烟气中吸收的热量越多，向室内散发的热量就越多。低能耗住宅采用改进型火炕。

火炕散热量 q_4 可用下式计算：

$$q_4 = \frac{\sum\limits_{i} H_{1i}}{24} \times \frac{(T_{1j} - T_{1c})(c_{p1}\rho_1 V_1)}{B} + \frac{\sum\limits_{f} H_{2f}}{24} \times \frac{(T_{2j} - T_{2c})(c_{p2}\rho_2 V_2)}{B}$$

$$(8.2)$$

式中 H_{1i}、H_{2f}——一天中火炕 1、火炕 2 燃用的时间，h；

$\quad\quad T_{1j}$、T_{2j}——火炕 1、火炕 2 进烟口温度，℃；

$\quad\quad T_{1c}$、T_{2c}——火炕 1、火炕 2 出烟口温度，℃；

$\quad\quad c_{p1}$、c_{p2}——火炕 1、火炕 2 高温烟气比热容，取值 0.31 W·h/(kg·K)；

$\quad\quad \rho_1$、ρ_2——火炕 1、火炕 2 高温烟气密度，取值 0.72 kg/m³；

$\quad\quad V_1$、V_2——火炕 1、火炕 2 高温烟气流量，m³/h；

$\quad\quad B$——居住建筑面积，m²。

经上述分析可以得出：

平衡供热量 q = DeST - h 计算的耗热量指标值 q_c - 火炕散热量 q_4

8.2 严寒 B 区平衡供热量 *q* 的计算

平衡供热量 q 必须满足供暖季最冷日室内温度不低于设计温度 15 ℃。这既是保证农牧民身体健康的需要，也是保证人们生活品质的基本需要。而建筑耗热量指标取决于冬季室外热工计算温度 t_e，t_e 的取值与建筑外围护结构的热惰性指标 D 值有关。

8.2.1 低能耗住宅外墙热惰性指标 *D* 值的计算

低能耗住宅外墙热惰性指标 D 值按下式计算：

$$D = \sum_i R_i \cdot S_i \tag{8.3}$$

式中 D——围护结构热惰性指标；

$\quad\quad R_i$——围护结构各材料层热阻；(m²·K)/W；

$\quad\quad S_i$——围护结构各材料层蓄热系数，W/(m²·K)。

依据表 7.4、表 7.5 建筑外围护结构构造做法及热工性能，计算得出低能耗住宅外墙热惰性指标 D 值，如表 8.1 所示。

表 8.1　低能耗住宅外墙热惰性指标 D 值

低能耗住宅户型	外墙热惰性指标 D 值
两居室中面积户型	3.40
三居室大面积户型	4.44

8.2.2　冬季室外热工计算温度 t_e 的取值

冬季室外热工计算温度 t_e 根据围护结构热惰性指标 D 值不同，按表 8.2 的方法计算取值。[12]

表 8.2　冬季室外热工计算温度

围护结构热稳定性	计算温度 t_e /℃
$D \geqslant 6.0$	$t_e = t_w$
$4.1 \leqslant D < 6.0$	$t_e = 0.6t_w + 0.4t_{e \cdot min}$
$1.6 \leqslant D < 4.1$	$t_e = 0.3t_w + 0.7t_{e \cdot min}$
$D < 1.6$	$t_e = t_{e \cdot min}$

根据《民用建筑设计热工规范》（GB 50176—2016）查得锡林浩特市采暖室外计算温度 $t_w = -24.6$ ℃、累年最低日平均温度 $t_{e \cdot min} = -29.5$ ℃，依据表 8.1 和表 8.2 的计算方法，可得出锡林浩特市冬季室外热工计算温度 t_e，如表 8.3 所示。

表 8.3　低能耗住宅冬季室外热工计算温度 t_e　　　　　　　单位:℃

低能耗住宅户型	计算温度 t_e
两居室中面积户型	-28.03
三居室大面积户型	-26.56

8.2.3　平衡供热量 q 的计算

两居室中面积户型只在主卧设置了一铺改进型大花洞火炕；三居室大面积户型中主卧和次卧 2 分别设置了一铺改进型大花洞火炕，次卧 2 为灶连炕，主卧为直接燃烧式火炕。通过调研得知，农牧民冬季每日使用连炕的灶台做饭两次，每次约 1h；主卧内直接燃烧式火炕一般在较冷的天气晚上燃烧 1h，其他时间不烧。利用式（8.2）计算的改进型火炕散热量如表 8.4 所示。

表8.4　改进型大花洞火炕散热量指标 q_4 单位：W/m²

户型	低能耗两居室中面积户型	低能耗三居室大面积户型
火炕散热指标 q_4	16.14	20.85

利用上述已知参数，运用 DeST－h 软件，模拟、计算两种低能耗住宅在满足供暖季最冷日室内设计温度15℃的热环境需求下建筑物耗热量指标 q_c 值和平衡供热量 q ，如表8.5所示。

表8.5　低能耗住宅平衡供暖能耗 q 单位：W/m²

住宅户型	两居室中面积户型	三居室大面积户型
住宅耗热量指标值 q_c	36.61	41.75
最冷日平衡供热量 q	20.47	20.90

从以上计算结果可以看出，低能耗住宅满足最冷日室内设计温度15℃需求的平衡供暖量比较小，利用内蒙古严寒B区丰富的风资源和太阳能资源为住宅平衡供暖是可行的。

进一步研究发现，在供暖季，为满足室内设计温度15℃的需求，需要清洁能源供暖的天数并不多，这也充分说明了低能耗住宅的极大优势。

当 $q=0$ 时，不需要主动供暖，低能耗住宅只利用太阳能供热量、生活产热量和火炕散热量即可满足室内设计温度15℃。模拟计算得出 $q=0$ 时对应的锡林浩特市室外热工计算温度 t_{e0} ，如表8.6所示。

表8.6　当 $q=0$ 时，室外热工计算温度 t_{e0} 值 单位：℃

户型类别	两居室中面积户型	三居室大面积户型
室外热工计算温度 t_{e0}	－17.93	－19.53

分析说明，在室外日平均温度高于－17.93℃时间段，低能耗两居室中面积户型在整个供暖季（10月14日至次年4月18日），除12月10日至次年2月16日有37天需要清洁能源供暖外，其余150天只利用太阳能供热量、生活产热量和火炕散热量即可满足住宅维持室内温度15℃的需求；在室外日平均温度高于－19.53℃时间段，低能耗三居室大面积户型在供暖季（10月14日至次年4月18日），除12月10日至次年2月16日有22天需要清洁能源平衡供暖外，其余165天不需要主动供暖。低能耗两居室、三居室户型不需要主动供暖的天数分别占供暖季天数的79%和87%。

8.3　严寒 C 区平衡供热量 q 的计算

以鄂尔多斯市杭锦旗为例，在保证最冷日室内温度不低于 15 ℃的前提下，计算低能耗中面积、大面积居住建筑的平衡供热量。其计算思路和计算方法同本章 8.2 节。

8.3.1　低能耗住宅外墙热惰性指标 D 和冬季室外热工计算温度 t_e 的计算

依据表 7.17 外墙构造形式、材料厚度及材料热工性能和式（8.3），计算得出低能耗居住建筑外墙热惰性指标 $D = 5.02$。鄂尔多斯市杭锦旗采暖室外计算温度 $t_w = -14.9$ ℃、累年最低日平均温度 $t_{e\cdot min} = -21.5$ ℃，依据表 8.2 的计算方法，可得出鄂尔多斯市杭锦旗冬季室外热工计算温度 $t_e = -17.54$ ℃。

8.3.2　平衡供热量 q 的计算

内蒙古严寒 C 区农牧民在冬季通常每天中、晚做饭，每次时间约 1 h，根据式（8.2）计算得出火炕散热量如表 8.7 所示。

表 8.7　严寒 C 区改进型直洞式火炕正常工作时散热量指标　单位：W/m²

户型	低能耗两居室中面积户型	低能耗三居室大面积户型
火炕散热量指标	15.79	13.74

火炕的散热量对提升室内温度和舒适度是有很大贡献的，同时火炕散热是缓慢的，对保证室内温度和热稳定性非常有利。

运用 DeST–h 软件模拟两种低能耗住宅满足供暖季最冷日室内设计温度 15 ℃的热环境得到建筑物耗热量指标 q_c 值和平衡供热量 q，如表 8.8 所示。

表 8.8　最冷日低能耗居住建筑平衡供暖能耗 q

低能耗居住户型	DeST–h 输出耗热量指标 q_c		火炕散热量 q_4		平衡供热量 q	
	热负荷指标/（W/m²）	供热量/MJ	热负荷指标/（W/m²）	供热量/MJ	热负荷指标/（W/m²）	供热量/MJ
两居室中面积居住户型	35.40	273.04	15.79	121.79	19.61	151.25
三居室大面积居住户型	34.08	324.60	13.74	130.97	20.34	193.63

通过模拟统计得出，当室内温度为 15 ℃、室外平均温度为 – 9.55 ℃时，低能耗中面积居住建筑耗热量指标值与火炕散热量近乎相等，说明当室外平均温度 ≥ – 9.55 ℃时，只通过火炕散热就能满足室内设计温度，实际需要供暖的时间占整个供暖季的 22%。当室外平均温度 ≥ – 9.15 ℃时，低能耗大面积居住建筑只通过火炕散热就能满足室内设计温度，实际需要供暖的时间占整个供暖季的 23%。低能耗居住建筑需要清洁能源供暖的时间很少。

8.4　严寒 B 区农村牧区低能耗居住建筑供暖平衡方案

供暖平衡方案是为满足低能耗居住建筑供暖季最冷日室内设计温度不低于 15 ℃而设计的清洁能源多能互补供暖方案，内蒙古严寒 B 区地域辽阔，农牧生产并存，农区居住相对集中，国家电网基本覆盖；牧区居住分散，居住点之间相距很远，国家电网还有部分未覆盖地区。农村牧区风电或光电系统是否并入国家电网对平衡供暖系统有着重要的影响，所以供暖平衡方案应考虑系统是否能够并入国家电网，分别进行方案设计。

8.4.1　低能耗两居室中面积户型风电能辅助供暖平衡方案（非并网式方案）

对于内蒙古严寒 B 区，无论是国家电网覆盖区还是非覆盖区，均可使用非并网式风电供暖平衡系统。可以利用丰富的风资源发电，一部分直接用于住宅供暖；另一部分存储在蓄电池组中，在风能资源不充裕的供暖季时间段为住宅供暖，维持室内的设计温度。

1. 风电供暖平衡原理

内蒙古严寒 B 区夜间风能资源大于白天，与供暖季夜间供暖需求相一致。风电供暖平衡原理是利用风能发电，一部分直接用于供暖；另一部分存储在存储设备中，在夜间或者供暖季部分时间段风能资源较小时为住宅供暖。产热设备将风电转换的热量通过供暖终端按照室内各房间需热量散发到室内，为住宅供暖，满足室内设计温度需求。

2. 风电供暖平衡系统设备构成

风电供暖平衡系统是由风力发电机、控制器、蓄电池组、逆变器、供暖系统控制器、供暖系统加热设备和供暖系统散热终端构成。风电供暖平衡系统设备构成如图 8.1 所示。

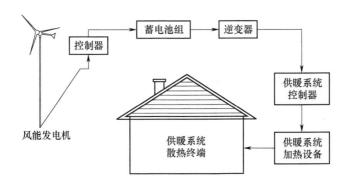

图 8.1　风电供暖平衡系统设备构成

3. 供暖系统散热终端设备选取

电加热供暖的终端散热设备种类繁多，总体上分为两种，一种是加热设备和散热设备相互分开，各自独立运行，主要有地暖、水暖气片、水暖热风机、风机盘管等；另一种是加热设备和散热设备合为一体，有电暖气片、电热风机和电热膜等。

分开式的终端设备需要单独的电加热锅炉等设备，需要热媒介，一般为水，还需要储水箱、输回水管道等，安装复杂且占空间比较大，不适合农牧民住宅。因此，供暖系统散热终端设备的选用原则是：具有操作简单、安装方便、热转换率高、稳定性好、占用空间小的特点。农牧民住宅适宜选用发热和散热合为一体的散热终端设备。

内蒙古严寒 B 区部分农牧民有使用土暖气的习惯，选取电暖气片为住宅供暖。电暖气片与普通暖气片相比，没有加热锅炉和热水管道，安装方便、占用空间小且安装灵活自由。电暖气片种类和尺寸比较多，有多种功率；并且有移动式和固定式两种，可以根据供热量需求来布置。三种常见电暖气片如图 8.2 所示。

（a）落地固定式　　　　　　（b）墙面悬挂式　　　　　　（c）落地移动式

图 8.2　三种常见电暖气片

根据加热方法不同，电暖气片有 PTC 陶瓷加热型、电磁加热型、油汀型，还有远红外、卤素管等种类。目前，PTC 陶瓷加热型、电磁加热型和油汀型都是直接把电能转换成热能，热效率可达 95% 以上。远红外和卤素管的电暖气片虽热效率稍低一些，也能达到 90% 以上，但是热舒适度相对高一些。因此，农牧民可以根据供暖需要，自主选择终端设备的类型和安装方式。每个房间终端设备应并列式安装，便于单独控制，有利于能量的精细化使用。

4. 风电供暖平衡方案设计

依据室外热工计算温度 t_e 和所需供热量 q，设计风能发电供暖系统。为了保证整个供暖系统运行的可靠性，并考虑系统内部的电能消耗，散热终端设备热效率按 90% 计算，满足供暖季最冷日室内供暖需求的风电平衡供电量 q_d 应为 22.74 W/m^2。

（1）按照面积对各供暖房间需要得到的供热量进行计算。相关计算值如表 8.9 所示。

表 8.9　两居室中面积户型住宅各房间面积及终端平衡供热量

房间名称	次卧 1	客厅	主卧	厨房	餐厅	卫生间
房间面积 B/m^2	8.88	13.56	11.45	7.61	7.13	8.15
单位时间各房间需要的平衡供热量 $q_需/W$	181.77	277.57	234.38	155.78	145.95	166.83
所需电暖气片功率（理论值）/W	181.77	277.57	234.38	155.78	145.95	166.83
所需电暖气片功率（实际值＝理论值×120%）/W	218.12	333.08	281.26	186.94	175.14	200.20
终端电暖气片配置功率/W	250	100＋250	300	200	200	200

（2）分析房间散热终端的功率配置。

1）平衡供热量计算包括太阳能供热量，已对住宅平均处理，但在实际情况下，晴天住宅吸收太阳热量直接影响南向房间，虽向北侧房间传热，但传热量较小，会导致南向房间晴天中午前后室内供热量大，而北向房间不足。为便于计算，虽散热终端设计时认为是全阴天状况，但供暖系统的智能温控可根据室温适当调节，故影响较小。

2）各房间所需的平衡供热量理论值是按照最冷日满足室内设计温度 15 ℃

计算的，基本可以满足目前大多数农牧民生产、生活需求，并不意味着完全符合所有农牧民的热舒适需求。而且随着社会的发展，可能该温度将不再满足农牧民对热环境的需求。因此，实际计算时将理论值提高20%，以适应不同家庭对热环境的需求。

3）通过市场调查发现，目前市场电暖气片产品的功率最小为700 W，与房间需求功率不完全匹配。相信随着低能耗住宅的发展、住宅所需平衡散热量的降低，为适应市场需求，会有厂家生产功率可调节的且功率较小的电暖气片产品。虽然目前市场上电暖气片功率较大，但仍可以使用。如某品牌700 W油汀电暖气片，热效率高，可满足设计需要。

（3）两居室室内散热终端设备安装。以电暖气片墙面散热器为例，安装示意图如图8.3所示。

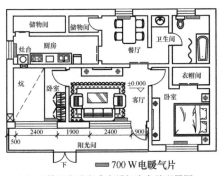
（a）目前固定功率式电暖气片产品配置图

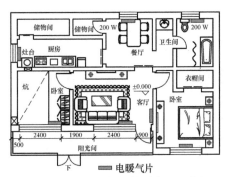
（b）未来可调节功率式电暖气片产品配置图

图8.3　两居室中面积户型散热终端布置

5. 风电供暖平衡系统光伏板发电量计算

风电供暖平衡系统中有储存电能的存储设备，可以满足供暖平衡系统在极端严寒的天气风能发电量不足时所需电量。所以，室外风力发电机发电量的计算以最冷月室外平均温度作为室外热工计算温度，计算室内所需平衡供热量所需电量。锡林浩特市最冷月室外平均温度为 $-18.0\ ℃$，计算在此室外热工计算温度时室内平衡供热量为 $11.05\ W/m^2$，所以整个住宅需要供热量为 $54\ 212.4563\ kJ$。终端以90%的热效率计算，则整个住宅所需供热量折合电量为 $17\ kW\cdot h$。考虑到风力发电机发电效率的老化，选取发电机时可以将发电量适当提高20%，以保证系统在有效的使用时间内满足供暖需求。

8.4.2 低能耗三居室大面积户型光电能辅助供暖平衡方案（非并网式方案）

国家电网未覆盖的地区主要是牧区，无法并入国家电网。无论是国家电网覆盖地区还是非覆盖地区，都可以利用非并网式光电供暖平衡方案进行供暖。光电的利用受昼夜影响大，白天发电，晚上不再发电，住宅夜间供暖的电能就需要存储在存储设备中。供暖季利用太阳能发的电一部分直接为住宅供暖；一部分可存储在蓄电池组中，在夜间或者连续阴天状态下为住宅供暖。

1. 光电供暖平衡原理

光电供暖平衡原理是白天光伏板在太阳光的照射下发电，然后存储在存储设备中，供暖终端设备可利用太阳能光伏系统发的电产生热量，按照室内需热量为建筑供暖，尤其是夜间为住宅供暖。

2. 光电供暖系统设备构成

光电供暖系统是由太阳能电池板、控制器、蓄电池组、逆变器、供暖系统控制器、供暖系统加热设备和供暖系统散热终端构成。光电供暖平衡系统组成如图8.4所示。

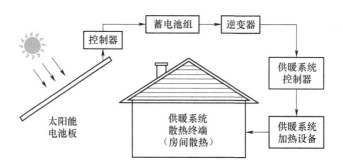

图8.4 光电供暖平衡系统组成

3. 供暖系统散热终端设备选取

与两居室中面积户型散热终端选取原则一致，供暖系统散热终端要选取高效、热转换率高、安装和维护方便的设备。经过比较分析，三居室大面积低能耗住宅选用热舒适度较高的电热膜作为散热终端。

新型石墨烯电热膜的优点：①电热转换效率极高，达95%以上，与其他相同单位面积功率的电加热元器件相比，石墨烯电热膜的电热辐射转换效率比例最高；②柔性与稳定性好；③温度面均衡，易控制；④防水防腐蚀性强，耐压耐候性好；⑤安全环保、不易燃。新型石墨烯电热膜根据安装位置不同可分为电热棚膜、电热墙膜和电热地膜等，市场上具有不同功率、便于安装且具有装饰性的产品，如不同尺寸的墙壁悬挂装饰画、直接拼装的各色地板砖等，施工简单、方便。部分新型石墨烯电热膜产品如图8.5、图8.6所示。

图 8.5　石墨烯地板砖　　　　图 8.6　石墨烯墙面装饰

各种石墨烯电热膜产品有多种功率可供选择，每个房间终端设备并列式安装，便于实现单独控制，有利于能量的精细化使用。

4. 光电供暖平衡散热终端设计

石墨烯电热膜热转换效率按 95% 取值，满足供暖季最冷日室内供暖需求的光电平衡供电量 q_d 应为 22 W/m^2。选取电热膜产品时应根据室内供暖实际需求计算电热膜的功率匹配，选择购买合适的产品型号。

（1）将平衡供热量均衡分布在整个住宅中，计算三居室住宅每个房间需提供的热量值。

各房间平衡供热量分配时不考虑太阳对房间的影响，所以按照全阴天状态下计算分配。主卧和次卧 2 火炕散热量较大，且已经做了平均计算。储物间不供暖。

按照面积对各房间需要得到的平衡供热量进行计算，结果如表 8.10 所示。

表 8.10　三居室大面积户型住宅各房间面积及终端平衡供热量

房间名称	次卧 1	客厅	主卧	次卧 2	厨房	餐厅	卫生间
房间面积 B/m^2	10.40	16.92	11.87	11.56	9.38	12.99	5.87
各房间需要的平衡供热量（理论值）$q_需 /W$	217.36	353.63	248.08	241.60	196.04	271.49	122.68
各房间需要的平衡供热量（实际值 = 理论值 × 120%）/W	260.83	424.36	297.70	289.92	235.25	325.79	147.22

续表

房间名称	次卧1	客厅	主卧	次卧2	厨房	餐厅	卫生间
需新型石墨烯电热膜面积/m²	8.69	14.15	9.92	9.66	7.84	10.86	4.91
为便于安装取整处理/m²	9	14.5	10	10	8	11	5
石墨烯墙面装饰散热器功率/W	300	300 + 150	300	300	250	250 + 100	150

（2）分析房间散热终端的功率配置。

1）平衡供热量分配原则与两居室住宅一致。

2）实际值将理论计算值提高20%，以满足农牧民对热环境的不同需求，同时考虑未来可能的需求变化。

3）石墨烯电热膜可以根据平衡供热量选取布置。若选用现成的产品可直接安装，更为简便。

4）新型石墨烯产品目前功率偏大，可根据实际供暖需求进行选购。未来的小功率、可调节的石墨烯电热膜产品更符合供暖平衡要求。

（3）三居室大面积户型室内散热终端安装。以石墨烯墙面散热电热膜为例，安装示意图如图8.7所示。

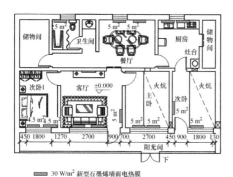 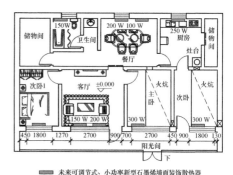

（a）直接铺设石墨烯电热膜　　　　　（b）安装未来可调节式、小功率市场产品

图8.7　三居室大面积户型散热终端布置

5. 光电供暖平衡系统光伏板发电量计算

光电供暖平衡系统中有储存电的存储设备，可以满足平衡供暖系统在极端严寒的天气光伏板发电量不足时向室内补充所需的电能。因此，室外光伏发电板发电量以最冷月室外平均温度作为室外热工计算温度，计算室内所需平衡供热量。锡林浩特市最冷月室外平均温度为 – 18.0 ℃，计算在此室外热工计算温度时室内平衡供热量为 11.52 W/m²，所以整个住宅需要供热量为 78 620.96 kJ。

终端以 95% 的热效率计算，则整个住宅所需供热量折合电量为 23 kW·h。考虑光伏板的发电效率的衰退，安装光伏板时可以适当将光伏发电量提高 20%，以保证系统所需的发电量。

根据计算发现，两居室中面积和三居室大面积的低能耗住宅在整个供暖季的热负荷指标分别为 7.27 W/m² 和 5.79 W/m²，而火炕的散热量大于 16 W/m²，超过整个供暖季平均热负荷指标，意味着在供暖季前期和末期比较长的两个时间段不需要光电或者风电供热量补充，火炕的散热量就可以使室内温度达到等于或大于设计温度 15 ℃，室内热舒适度较高。

8.4.3　并网式方案

1. 风电能并网式方案

国家电网覆盖的区域，可以将家庭风电并入国家电网，多余电量为农牧民换取经济收入。内蒙古严寒 B 区风能发电不同于光伏发电，主要的特点是冬季发电量大于夏季，与供暖需求电量相匹配。根据设计方案，整个供暖季，风能发电量除了最冷月基本满足供暖需求外，其余大部分时间风能发电量都有剩余，并且非供暖季风能发的电全部剩余，可以输送到国家电网。风能不足的个别时间段，可利用国家电网的电力为住宅供暖，有利于提高清洁供暖设备的经济性，实现"跨季节"风电供暖模式。

2. 光电能并网式方案

国家电网覆盖的区域，可以将家庭光电系统并入国家电网，多余电量为农牧民换取经济收入。光伏发电的主要特点是夏季发电量大，冬季发电量小，与供暖需求量不匹配。

内蒙古很多地方实行供暖峰谷电价，如乌兰察布市对分散式居民电供暖谷电（谷时段 14 个小时：18:00 至次日 8:00）电价优惠，每千瓦时降低 0.13 元，即 0.285 元[28]。因此，并入国家电网的光电供暖平衡系统有两个明显优势：①可以不安装蓄电池组，夜间利用谷电供暖，在政府补贴下实现"白天高价卖电，晚上低价买电"，经济效益好；②可以适当减少光伏板的安装面积，降低基础成本，将国家电网当作巨大的电能存储设备，利用非供暖季储存小电能为供暖季极寒天气时使用，可实现跨季节供暖。

通过分析内蒙古地区可利用的清洁能源供暖方式发现，利用内蒙古严寒 B 区太阳能和风能资源丰富和稳定的优势，根据农牧民对热环境的需求，设计适宜的风电或光电补充的供暖平衡方案，达到"太阳能 + 生物质能 + 生活产热能＋风电或光电"的供暖平衡，实现"被动式太阳能住宅＋改进型火炕＋风电/光电供暖平衡系统"的清洁供暖模式。

8.5　严寒C区农村牧区低能耗居住建筑供暖平衡方案

确定内蒙古严寒C区农村牧区低能耗居住建筑适宜的清洁供暖平衡方案，应充分考虑当地的气候特点、农牧民的生活习惯、供暖设备与低能耗居住建筑结合形式，对低能耗居住建筑、供暖热源与供暖末端进行科学研究，实现供暖平衡方案与低能耗居住建筑的一体化设计。

8.5.1　太阳能＋电能辅助供暖平衡方案

内蒙古严寒C区具有丰富的太阳能资源，考虑到太阳能的不稳定性，可使用辅助电能作为供暖热源，供暖末端采用低温热水地板辐射供暖系统。基于最冷日平衡供热量与中面积、大面积低能耗居住建筑进行一体化设计。

8.5.1.1　系统组成

太阳能＋电能辅助供暖系统主要由太阳能集热器、储热水箱、（辅助加热）电能、低温热水地板辐射供暖系统等部分组成，也称为太阳能光热供暖系统，如图8.8所示。

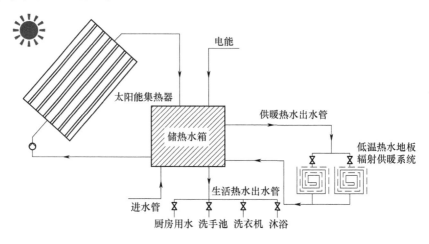

图8.8　太阳能光热供暖系统组成

太阳能光热供暖系统是利用太阳能集热器采集太阳热量，将太阳能转化为热能加热低温水，再将加热后的水传输至储热水箱中，用管道将热水输入低温热水地板辐射供暖系统末端，从而实现向室内供暖的目的。太阳能受天气变化影响较大，当出现阴雨天气或太阳能辐射弱无法使储热水箱温度达到规定温度时，将太阳能与电力能源结合起来，可组成稳定可靠的供暖系统。

8.5.1.2　供暖热源的设计

1. 太阳能集热器设计

按照集热器内是否有真空空间，太阳能集热器主要分为两种形式，即平板型集热器和真空管集热器。真空管集热器分为全玻璃真空管集热器和热管真空管集热器。考虑到内蒙古严寒 C 区农村牧区寒冷的气候环境和农牧民居住建筑的特点，可选择"U"型管式全玻璃真空管集热器，抗冻性强且热效率高。太阳能集热器的安装需要占据较大的空间，可将集热器安装在房顶。

太阳能集热器的面积与当地太阳辐射强度、集热器性能有关，计算公式为

$$A = \frac{Q_t f}{H \eta_{cd}(1 - \eta_L)} \tag{8.4}$$

式中　A——太阳能集热器面积，m^2；

$\quad\quad Q_t$——建筑日总供热量，经计算得出中面积、大面积低能耗居住建筑平均平衡供热量分别为 151.30 MJ、193.70 MJ；

$\quad\quad f$——太阳能保证率，杭锦旗为 I 级丰富区，取值 60%（见表 1.1）；

$\quad\quad H$——杭锦旗倾斜表面上月平均日太阳辐照量，取值 18 770 kJ/$(m^2 \cdot d)$；

$\quad\quad \eta_{cd}$——集热器年平均集热效率，取值 0.5；

$\quad\quad \eta_L$——储热水箱和管路的热损失率，取值 20%。

在计算时已考虑设备、管路的热损失，得出中面积、大面积低能耗居住建筑太阳能集热器面积分别为 12.10 m^2、15.50 m^2，设备选型如表 8.11 所示。

表 8.11　太阳能集热器设计

低能耗居住户型	集热器型号	集热器面积/m^2
两居室中面积户型	Q – B – J – 1 – 355/5.85/0.05	12.10
三居室大面积户型		15.50

2. 辅助电能

在阴天或傍晚太阳能集热器无法满足供暖需求时，可通过电能加热储热水箱中的水进行供暖。如果最冷日全天都无太阳辐射，供暖所需全部热量均由电能提供，所需用电量计算公式如下：

$$Q = \frac{Q_t}{3.60} \tag{8.5}$$

若最冷日全部供热量由电能提供，中面积、大面积低能耗居住建筑用电量分别为 43.0 kW·h/d、54.0 kW·h/d。但在内蒙古严寒 C 区冬季阴天所占比例极少，全天无日照的情况极少，因此，使用辅助电能的时间并不长。

8.5.1.3 储热水箱的设计

储热水箱具有保温功能，用于储存太阳能或电能加热的热水。储热水箱的设计应考虑储热水箱的容积和安装位置。

储热水箱容积计算公式为

$$V = \frac{Q_c}{c_w \rho_w \Delta t} \qquad (8.6)$$

式中　V——储热水箱的容积，m^3；

　　　Q_c——储热水箱的最大蓄热量，中面积、大面积低能耗居住建筑分为
　　　　　　 151.30 MJ、193.70 MJ；

　　　c_w——水的比热容，取值 4.2 kJ/(kg·℃)；

　　　ρ_w——水的密度，取值 1000 kg/m^3；

　　　Δt——储热水箱内水的温度差，取值 10 ℃[56]。

通过计算得出，中面积、大面积低能耗居住建筑储热水箱容积分别为 3.60 m^3、4.61 m^3。因储热水箱对保温性能要求较高，宜安装在室内储物间或卫生间等不常用房间内。

8.5.1.4 低温热水地板辐射供暖末端设计

1. 材料及构造方式

低温热水地板辐射供暖末端材料及构造方式见表 8-12。

表 8.12　低温热水地板辐射供暖末端材料及构造方式

结构名称	厚度/mm	材　料	中面积低能耗居住建筑铺设面积/m^2	大面积低能耗居住建筑铺设面积/m^2
地面层	10	木质地板	101.82	128.42
管道层	30	PEX 管	89.27	110.24
绝热层	60	铝箔纸向上反射热量	89.27	110.24
		XPS 板保温层	101.82	128.42
结构层	50	细石混凝土	101.82	128.42

2. 布置方式

低温热水地板辐射供暖末端配置 1 台分水器、1 台集水器，中面积、大面

积低能耗居住建筑分支回路分别为 5 路、6 路，客厅、主卧、次卧 1、次卧 2、厨房、卫生间各 1 路。供水温度按规范设计为 45 ℃，供回水温差在 10 ℃。采用螺旋式布置方式，在每个支路的供回水管道上设置阀门，以保证每个房间的单独控温，如图 8.9 所示。

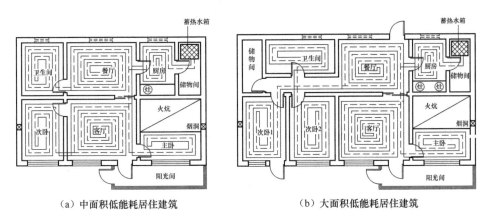

（a）中面积低能耗居住建筑　　　　　　　（b）大面积低能耗居住建筑

图 8.9　低温地热地板供暖末端布置

8.5.1.5　科学性分析

被动式低能耗住宅利用火炕和太阳能、电能等清洁能源多能互补，实现供暖平衡。首先利用附加阳光间吸收太阳辐射热，利用炊事余热加热炕面向室内散热，提高室内温度，若室内温度仍低于 15 ℃，可利用"太阳能光热＋电能"系统补充供暖。供暖系统与低能耗建筑一体化设计如图 8.10 所示。

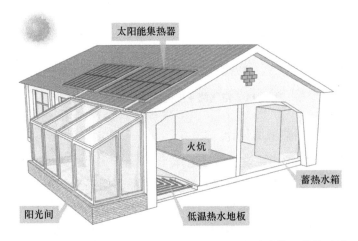

图 8.10　清洁能源多能互补平衡供暖与低能耗居住建筑一体化设计

（1）合理利用太阳能资源，降低单独使用太阳能光热技术的不稳定性，在太阳能供热不足时辅助电能供暖，以保持室内温度的稳定。

（2）降低单独使用电能的供暖成本。辅助电能多用于夜间供暖，利用低谷低价电能降低电能供暖成本。

（3）减少一次能源消耗，采用清洁能源代替传统秸秆、煤炭燃烧供暖，在保持室内温度舒适的同时减少有害物质排放。

8.5.2 空气能+电能辅助供暖平衡方案

8.5.2.1 系统组成

空气能+电能辅助供暖系统主要由超低温空气源热泵供暖机组、储热水箱、循环水泵、散热器等组成。超低温空气源热泵从室外空气中吸取的低温低压气体通过压缩机转化为高温高压气体，高温高压气体进入交换器中与低温水进行热交换，热水通过系统循环管路送至供暖末端，使室内温度升高[29]。辅助电能为超低温空气源热泵运行提供电量。该系统组成如图 8.11 所示。

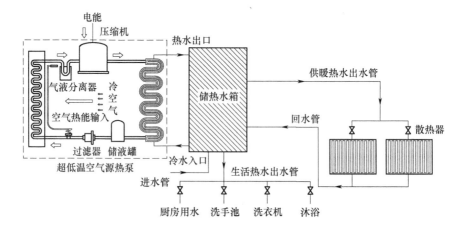

图 8.11　空气能+电能辅助供暖系统组成

8.5.2.2 供暖热源的设计

1. 超低温空气源热泵设备型号选择

内蒙古严寒 C 区冬季气候较寒冷，应选择超低温空气源热泵机组，以便在 -25 ℃以上的环境中正常使用。中面积、大面积低能耗居住建筑空气源热泵选择型号分别为 AP-05、AP-06，详细信息如表 8.13 所示。

表 8.13　超低温空气源热泵详细信息

低能耗居住建筑	机组型号	尺寸/ （mm × mm × mm）	机组供暖面积/m²
两居室中面积居住建筑（供暖面积 89.27 m²）	AP—05	1250 × 450 × 1350	100
三居室大面积居住建筑（供暖面积 110.24 m²）	AP—06	1250 × 450 × 1450	120

　　空气源热泵需要安装在空气相对流通的地方，以确保机组吸气和散热。机组出风口的位置不能选择在迎风方向，以免影响机组换热。机组与四周墙壁应保持一定的距离，并且应设置防雨设施来阻挡雨水对机组的侵蚀。空气源热泵的运行会产生噪声，因此应远离客厅及卧室等主要使用空间放置，或者做一定的隔声处理。

　　2. 辅助电能

　　辅助电能是低温空气源热泵运行时所用电量。最冷日设备运行时间计算公式如下：

$$T = \frac{Q_t}{W} \tag{8.7}$$

式中　T——最冷日设备运行时间，h；

　　　Q_t——建筑日总供热量，中面积、大面积低能耗居住建筑平均平衡供热量分别为 151.30 MJ、193.70 MJ；

　　　W——供暖制热量，kJ，如表 8.14 所示。

表 8.14　低温空气源热泵详细信息

机组型号	运行功率/kW	供暖制热量/kJ
AP－05	4.1	44 640
AP－06	5.0	53 640

　　通过计算得出，中面积、大面积低能耗居住建筑最冷日设备运行时间分别为 3.40 h、3.70 h。结合设备运行功率，得出用电量分别为 14.0 kW·h/d、18.50 kW·h/d。

8.5.2.3　储热水箱的设计

　　储热水箱容积的计算和安装要求参照 8.5.1.3 节。

8.5.2.4　散热器供暖末端设计

　　居住建筑的供暖热负荷由末端设备散热器承担，以维持室内温度。

1. 散热器用量计算

根据散热器的散热量和平衡供暖热量计算出中面积、大面积低能耗居住建筑各房间内需要的暖气片数量。740 mm×600 mm（10柱）散热器散热量计算公式为

$$Q_s = 5.83\Delta t^{1.28} \tag{8.8}$$

式中　Q_s——散热器的散热量，W/10柱；

　　　Δt——散热器平均温度与室内温度的差值，℃。

空气源热泵供水温度58℃，回水温度42℃，室内设计温度为15℃。计算得出，Δt为35℃，Q_s为552.2 W/10柱，即55.22 W/柱。

根据不同房间的供暖需要，对最冷日散热器的数量进行设计，两居室中面积低能耗居住建筑散热器用量参数如表8.15所示；三居室大面积低能耗居住建筑散热器用量参数表如表8.16所示。

表8.15　两居室中面积低能耗居住建筑散热器用量参数

房间名称	面积/m²	热负荷/W	铝制柱形散热器柱数/柱
主　卧	17.32	285.82	5
次　卧	13.06	252.84	5
客　厅	19.58	333.08	7
厨　房	10.36	239.95	5
餐　厅	17.30	358.03	7
卫生间	11.65	277.86	6

表8.16　三居室大面积低能耗居住建筑散热器用量参数

房间名称	面积/m²	热负荷/W	铝制柱形散热器柱数/柱
主　卧	17.54	353.33	7
次卧1	14.04	265.85	5
次卧2	14.29	266.71	5
客　厅	20.52	451.81	9
厨　房	10.31	156.97	3
餐　厅	21.79	536.51	10
卫生间	11.75	213.08	4

在计算散热器数量时，考虑到最冷日每个时段供暖能耗的差异，将理论供热量值提高20%计算，以满足农牧民对热环境的不同需求，同时也满足未来

需求的变化。两居室中面积低能耗居住建筑共需要散热器 35 柱，三居室大面积低能耗居住建筑共需要散热器 43 柱。

2. 布置方式

散热器供暖末端配置 1 台分水器、1 台集水器，两居室中面积、三居室大面积低能耗居住建筑分支回路分别为 5 路、6 路，客厅、主卧、次卧、厨房、卫生间各 1 路。在每个支路的供回水管道上设置阀门，以保证每个房间单独控温。布置方式如图 8.12 所示。

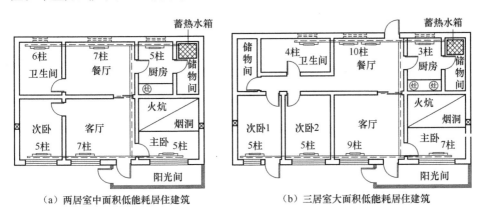

（a）两居室中面积低能耗居住建筑　　　　（b）三居室大面积低能耗居住建筑

图 8.12　散热器供暖末端布置示意

8.5.2.5　科学性分析

该方案将阳光间、火炕和空气能、电能等清洁能源和方式结合利用，与低能耗建筑一体化设计，如图 8.13 所示。

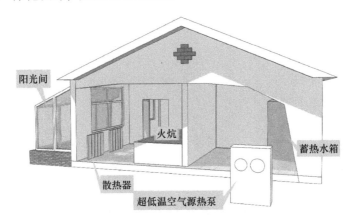

图 8.13　低能耗居住建筑供暖热源一体化设计

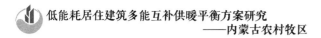
（1）内蒙古严寒C区农村牧区居住建筑密度低，通风状况良好，空气质量优良合理利用空气能资源，可降低成本、减少污染、增强热稳定性。

（2）降低单独使用电能的供暖成本，超低温空气源热泵的能效比为3~4。

（3）减少一次能源消耗，在保持室内温度舒适的同时减少有害物质排放。

（4）"空气能＋电能辅助"平衡供暖在保证农牧民室内舒适度的同时，可高效利用空气能和电能。

本篇总结

通过对两居室中面积、三居室大面积低能耗居住建筑多能互补供暖平衡方案开展研究，提出了优化设计方案。

在内蒙古严寒 B 区，利用太阳能和风能资源丰富和稳定的优势，选取风电和光电作为低能耗住宅平衡供暖的能源。

（1）根据住宅外围护结构热惰性指标 D，确定满足极端天气条件下维持低能耗住宅室内设计温度 15 ℃的室外计算温度 t_e，模拟计算平衡供热量 q。选取高效的供暖系统散热终端新型石墨烯电热膜和电暖气片，分房间计算平衡供热量，提出了非并网和并网两种情况下的风电、光电供暖平衡方案。

（2）计算室外光伏板或风力发电机实际需要的发电量。两居室中面积户型和三居室大面积户型所需发电量分别为 16.73 kW·h、22.99 kW·h；并分析可并网的风电、光电平衡供暖系统的优势。

在内蒙古严寒 C 区选用先进的太阳能光热技术和空气源热泵技术设计清洁能源供暖系统，末端选择符合农牧民习惯的低温热水地板辐射供暖末端和散热器供暖末端。

对于太阳能 + 电能辅助供暖平衡方案设计得出以下结论：

（1）满足最冷日的平衡供热量，中面积、大面积低能耗居住建筑需要太阳能集热器面积分别为 12.10 m²、15.50 m²；储热水箱容积分别为 3.60 m³、4.61 m³。

（2）若最冷日全天无日照，全部供热量由电能提供时，中面积、大面积低能耗居住建筑全天用电量为 43.0 kW·h/d、54.0 kW·h/d。

（3）低温热水地板辐射供暖末端采用螺旋式布置方式，在每个支路的供回水管道上设置阀门，可实现每个房间的单独控温。

对于空气能 + 电能辅助供暖平衡方案设计得出以下结论：

（1）根据空气源热泵的制热量，分别选择 AP‒05、AP‒06 为中面积、大面积低能耗居住建筑的供暖热源。

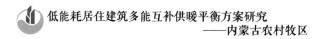
（2）最冷日中面积、大面积低能耗居住建筑设备运行时间分别为 3.4 h、3.7 h，用电量为 14.0 kW·h/d、18.5 kW·h/d。

（3）通过计算各房间需要的供热量，计算得出中面积、大面积低能耗居住建筑散热器供暖末端分别需要 35 柱、43 柱。

内蒙古农村牧区低能耗居住建筑在供暖季大部分时间仅靠火炕散热量即可保证室内温度不低于 15℃，因此需要辅助供暖的时间大幅度减少，实现清洁供暖多能互补是可行的。

参考文献

[1] 农村牧区居住建筑节能设计标准：DBJ 03—78—2017 [S]．北京：中国建材工业出版社，2017.

[2] 清华大学建筑节能研究中心．中国建筑节能发展研究报告 2020 [M]．北京：中国建筑工业出版社，2020.

[3] 毕海静．农村住宅建筑热负荷影响因素分析 [J]．资源节约与环保，2019 (9)：132 - 133.

[4] 清华大学建筑节能研究中心．中国建筑节能发展研究报告 2020 [M]．北京：中国建筑工业出版社，2020.

[5] 国家统计局．2019 中国统计年鉴 [M]．北京：中国统计出版社，2019.

[6] 内蒙古统计局．内蒙古统计年鉴 [M]．北京：中国统计出版社，2018.

[7] 唐伟．《北方地区冬季清洁取暖规划（2017—2021）》解读 [N]．国家电网报，2018 - 01 - 09 (008).

[8] 何梓年．太阳能供热采暖应用技术手册 [M]．北京：化学工业出版社，2009.

[9] 满都呼，赵金涛．内蒙古地理 [M]．北京师范大学出版社，2016.

[10] 内蒙古自治区．内蒙古自治区 2013—2020 年太阳能发电发展规划．2013.

[11] 段钢，陈玮．试论内蒙古风能资源的综合利用 [J]．内蒙古科技与经济，2010 (5)：58 - 58.

[12] 民用建筑设计热工规范：GB 50176—2016 [S]．北京：中国建筑工业出版社，2016.

[13] 被动式太阳能建筑技术规范：JGJT 267—2012 [S]．北京：中国建筑工业出版社，2012.

[14] 内蒙古居住建筑节能设计标准：DBJ 03—35—2019 [S]．呼和浩特：中国建筑工业出版社，2019.

[15] 内蒙古统计局．内蒙古统计年鉴 [M]．北京：中国统计出版社，2018.

[16] 内蒙古农牧业普查领导小组．内蒙古自治区第三次全区农牧业普查主要数据公报（第一号）[R]．内蒙古：内蒙古统计局，2018.

[17] 赵洋．北方村镇火墙式火炕采暖系统热性能研究 [D]．大连：大连理工大学，2009.

[18] 许圣华．烟气物性的直接计算方法 [J]．苏州丝绸工学院学报，1999，19 (3)：32 - 36.

［19］陈荣耀，吕良. 炕连灶技术讲座（二）［J］. 可再生能源，1987（3）：30－31.

［20］内蒙古自治区发展改革委员会. 内蒙古自治区冬季清洁取暖实施方案. 2018.

［21］内蒙古自治区统计局. 内蒙古统计年鉴 2018［J］. 北京：中国统计出版社，2019.

［22］中国气象局气象信息中心气象资料室，清华大学建筑技术科学系. 中国建筑热环境分析专用气象数据集［M］. 北京：中国建筑工业出版社，2005.

［23］赵云兵. 寒冷地区农村住宅冬季室内热环境研究［D］. 西安：西安建筑科技大学，2013.

［24］刘铮，刘加平. 蒙族民居的热工特性及演变［J］. 西安建筑科技大学学报（自然科学版），2003（2）：103－106.

［25］甄蒙. 东北严寒地区农村住宅节能设计研究［D］. 沈阳：东北大学，2016.

［26］江亿. 建筑环境系统模拟分析方法——DeST［M］. 北京：中国工业出版社，2005.

［27］喜文华. 被动式太阳房的设计与建造［M］. 北京：化学工业出版社，2007.

［28］武强，董泽荣. 关于乌兰察布市煤改电工作落实情况的调研报告［J］. 内蒙古统战理论研究，2018（6）：39－40.

［29］饶荣水，谷波，周泽，等. 寒冷地区用空气源热泵技术进展［J］. 建筑热能通风空调，2005.

附录 内蒙古农村牧区居住建筑现状调查表

附表1 内蒙古农村牧区居住建筑现状调查表

第1号

村落名称	内蒙古包头市九原区麻池镇麻池七村			户数	78

一、外墙结构形式

形式	1. 土坯	2. 土坯＋砖	3. 黏土实心砖	4. 黏土多孔砖	5. 其他
比例	—		40%	60%	—

二、屋顶形式（注明构造材料，如钢筋混凝土、木屋顶……）

形式	1. （ ）平屋顶	2. （平瓦木）单坡屋顶	3. （平瓦木）双坡屋顶	4. （ ）其他
比例	—	80%	20%	—

三、外窗构造（注明单层窗、双层窗、单层玻璃、中空玻璃……）

型材	1. （单玻单层）木窗	2. （空腹）钢窗	3. （ ）塑料窗	4. （单框双玻断桥）铝合金窗
比例	10%	20%		70%

四、外门构造

形式	1. 单层木门	2. 双层木门	3. 保温防盗门	4. 带门斗双层门	5. 其他
比例	70%		30%		—

五、采暖方式

类型	1. 火炕	2. 火炕＋火墙	3. 火炕＋火炉	4. 火炕＋土暖气	5. 太阳能热水供暖	6. 烟气加热地面	7. 其他
比例	100%	—	60%	40%			

六、采暖燃料

种类	1. 薪柴	2. 煤	3. 牛、羊粪	4. 煤＋薪柴	5. 其他
比例	—	100%	—		—

七、其他技术指标、构造做法

项目	户均建筑面积/m²	开间/m	进深/m	室内净高/m	窗台高度/m	室内外高差/m	室内地面保温层材料种类、厚度/mm
指标	40～60	6～8	6～9	2.9	0.8	0.2～0.3	—

八、舒适度感觉

等级	1. 冷	2. 稍冷	3. 可以	4. 较舒适	5. 舒适
比例	—	40%	60%		—

续表

现状照片

街道	土暖气	火灶

住户详图

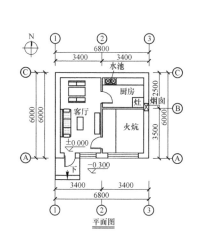

平面图

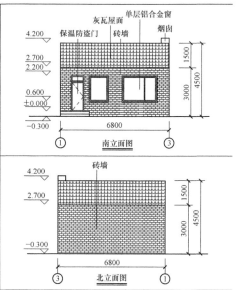

南立面图

北立面图

典型户型概述

1. 热工分区：严寒 C 区。

2. 地理位置：麻池镇位于包头市九原区西南部，北靠京包铁路，南临黄河，东接滨河新区，地处历史悠久的汉代麻池古城遗址。麻池镇地肥水美，资源丰富，具有得天独厚的蔬菜种植优势，是包头市重要的蔬菜副食品生产基地。

3. 当地气候情况：包头属半干旱中温带大陆性季风气候，干旱多风，春季干旱少雨多风，夏季温和短促，秋季凉爽温差大，冬季温长而寒冷。全年主导风向为西北风。

4. 建造时间：1994 年。

5. 建筑面积：40.8 m²。

6. 建造材料：墙体为黏土砖墙体偏多，外墙抹灰或者不抹。屋顶为木屋架单坡屋面板，上抹两次麦秸泥，铺平瓦。火炕由砖砌筑，水泥砂浆黏合，呈长条形。建筑采用单层铝合金窗和木门，保温气密性相对较差。

7. 供暖方式：火炕 + 火炉 + 土暖气，燃料为煤

附表2　内蒙古农村牧区居住建筑现状调查表

第2号

村落名称	内蒙古包头市东河区河东镇壕赖沟村（660）、河北村（420）、真水井村（430）			户数	1510

一、外墙结构形式

形式	1. 土坯	2. 土坯＋砖	3. 黏土实心砖	4. 黏土多孔砖	5. 其他
比例	10%	10%	30%	50%	—

二、屋顶形式（注明构造材料，如钢筋混凝土、木屋顶……）

形式	1.（平瓦木）平屋顶	2.（　）单坡屋顶	3.（平瓦木）双坡屋顶	4.（　）其他
比例	90%	—	10%	—

三、外窗构造（注明单层窗、双层窗、单层玻璃、中空玻璃……）

型材	1.（单层）木窗	2.（空腹）钢窗	3.（单框双玻）塑料窗	4.（单框双玻断桥）铝合金窗
比例	15%	5%	30%	50%

四、外门构造

形式	1. 单层木门	2. 双层木门	3. 保温防盗门	4. 带门斗双层门	5. 其他
比例	20%	70%	10%	—	—

五、采暖方式

类型	1. 火炕	2. 火炕＋火墙	3. 火炕＋火炉	4. 火炕＋土暖气	5. 太阳能热水供暖	6. 烟气加热地面	7. 其他
比例	90%	—	40%	50%	—	—	—

六、采暖燃料

种类	1. 薪柴	2. 煤	3. 牛、羊粪	4. 煤＋薪柴	5. 其他
比例	—	90%	—	10%	—

七、其他技术指标、构造做法

项目	户均建筑面积/m²	开间/m	进深/m	室内净高/m	窗台高度/m	室内外高差/m	室内地面保温层材料种类、厚度/mm
指标	90～110	10～14	8～10	2.8	0.8	0.3	无

八、舒适度感觉

等级	1. 冷	2. 稍冷	3. 可以	4. 较舒适	5. 舒适
比例	10%	28%	50%	12%	—

现状照片

| 街道 | 住户立面 | 灶台 |

住户详图

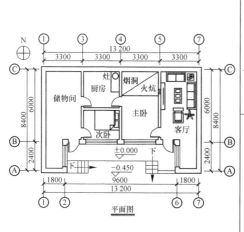 

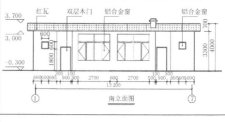

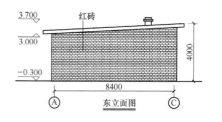

典型户型概述

1. 热工分区：严寒 C 区。

2. 地理位置：河东镇位于内蒙古包头市东河区，该镇北依大青山，南临黄河，东至包头客车厂，西与九原区相接，环绕东河城区。辖区总面积约 34.89 km²，目前河东镇下辖 26 个村、2 个社区。

3. 当地气候情况：包头属半干旱中温带大陆性季风气候。据《包头市 2011 年国民经济和社会发展统计公报》，全年平均气温为 7.2 ℃，年平均风速 1.2 m/s，年降水总量 421.8 mm，年日照时数 2882.2 h。

4. 建造时间：2014 年。

5. 建筑面积：110.88 m²。

6. 建造材料：外墙为黏土空心砖墙体，南向墙体外侧贴瓷砖，其他朝向外墙抹灰。建筑采用铝合金窗和双层木门。

7. 供暖方式：火炕＋土暖气，燃料为煤＋薪柴

附表3　内蒙古农村牧区居住建筑现状调查表

第3号

村落名称	内蒙古鄂尔多斯市伊金霍洛旗红庆河乡布连图村6队			户数	27

一、外墙结构形式

形式	1. 土坯	2. 土坯＋砖	3. 黏土实心砖	4. 黏土多孔砖	5. 其他
比例	无	15%	85%	—	—

二、屋顶形式（注明构造材料，如钢筋混凝土、木屋顶……）

形式	1. （钢筋混凝土）平屋顶	2. （　）单坡屋顶	3. （平瓦木）双坡屋顶	4. （　）其他
比例	40%	—	60%	—

三、外窗构造（注明单层窗、双层窗、单层玻璃、中空玻璃……）

型材	1. （　）木窗	2. （单层）钢窗	3. （双层玻璃）断桥窗	4. （双层玻璃）铝合金窗
比例	—	15%	30%	55%

四、外门构造

形式	1. 单层木门	2. 双层木门	3. 保温防盗门	4. 带门斗双层门	5. 其他（断桥铝合金单层门）
比例	10%	20%	—	—	70%

五、采暖方式

类型	1. 火炕	2. 火炕＋火墙	3. 火炕＋火炉	4. 火炕＋土暖气	5. 太阳能热水供暖	6. 烟气加热地面	7. 其他
比例	100%	—	55%	45%			

六、采暖燃料

种类	1. 薪柴	2. 煤	3. 牛、羊粪	4. 煤＋薪柴	5. 其他
比例	—	—	—	100%	

七、其他技术指标、构造做法

项目	户均建筑面积/m²	开间/m	进深/m	室内净高/m	窗台高度/m	室内外高差/m	室内地面保温层材料种类、厚度/mm
指标	100~120	12~15	8~10	3.0	0.9	0.2~0.3	—

八、舒适度感觉

等级	1. 冷	2. 稍冷	3. 可以	4. 较舒适	5. 舒适
比例	86%	10%	4%		

续表

现状照片

| 院落 | 住户立面 | 灶台 |

住户详图

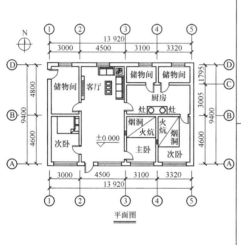 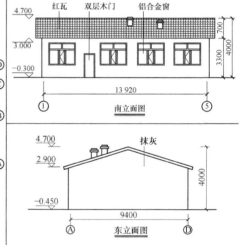

典型户型概述

1. **热工分区**：严寒 C 区。

2. **地理位置**：伊金霍洛旗是鄂尔多斯市下辖旗，地处鄂尔多斯高原东南部、毛乌素沙地东北边缘，北靠东胜区，与康巴什区隔乌兰木伦河相望，东与准格尔旗相邻，西与杭锦旗接壤，南临乌审旗、隔长城与陕西省交界。

3. **当地气候情况**：伊金霍洛旗属温带大陆性气候，干旱、风大、少雨、寒冷、温热、温差大，是温带干旱草原向荒漠草原的过渡地带。伊金霍洛旗年平均气温6.2 ℃，极端最低气温 −31.4 ℃，极端最高气温36.6 ℃，无霜期限130~140 d；年日照时数2740~3100 h，年太阳总辐射量145 kJ/m²；常年风大沙多，蒸发旺盛，全年蒸发量2163 mm，是降雨量的7倍。

4. **建造时间**：2005 年。

5. **建筑面积**：130.85 m²。

6. **建造材料**：外墙黏土实心砖，门为断桥铝合金单层门。

7. **供暖方式**：火炕 + 土暖气 + 火炉，燃料为煤 + 薪柴

附表4　内蒙古农村牧区居住建筑现状调查表

第 4 号

村落名称	内蒙古鄂尔多斯市鄂托克前旗敖镇查干巴拉素嘎查				户数	120

一、外墙结构形式

形式	1. 土坯	2. 土坯+砖	3. 黏土实心砖	4. 黏土多孔砖	5. 其他
比例	10%	30%	60%		

二、屋顶形式（注明构造材料，如钢筋混凝土、木屋顶……）

形式	1.（钢筋混凝土）平屋顶	2.（　）单坡屋顶	3.（树脂瓦）双坡屋顶	4.（　）其他
比例	30%	—	70%	—

三、外窗构造（注明单层窗、双层窗、单层玻璃、中空玻璃……）

型材	1.（　）木窗	2.（双层）钢窗	3.（　）塑料窗	4.（单框双玻）铝合金窗
比例	—	10%	—	90%

四、外门构造

形式	1. 单层木门	2. 双层木门	3. 保温防盗门	4. 带门斗双层门	5. 其他
比例	5%	—	80%	15%	—

五、采暖方式

类型	1. 火炕	2. 火炕+火墙	3. 火炕+火炉	4. 火炕+土暖气	5. 太阳能热水供暖	6. 烟气加热地面
比例	40%	—	20%	20%		60%

六、采暖燃料

种类	1. 薪柴	2. 煤	3. 牛、羊粪	4. 煤+薪柴	5. 其他
比例	5%	15%	—	80%	

七、其他技术指标、构造做法

项目	户均建筑面积/m²	开间/m	进深/m	室内净高/m	窗台高度/m	室内外高差/m	室内地面保温层材料种类、厚度/mm
指标	60~80	10~12	6~8	2.9	0.9~1.1	0.15	—

八、舒适度感觉

等级	1. 冷	2. 稍冷	3. 可以	4. 较舒适	5. 舒适
比例	—	30%	30%	40%	

现状照片

| 住户立面 | 火炕 | 灶台 |

住户详图

土坯+砖房南立面图

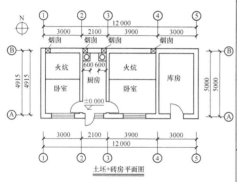

土坯+砖房 平面图

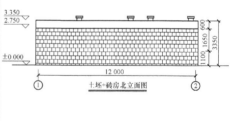

土坯+砖房北立面图

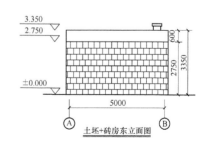

土坯+砖房东立面图

续表

住户详图

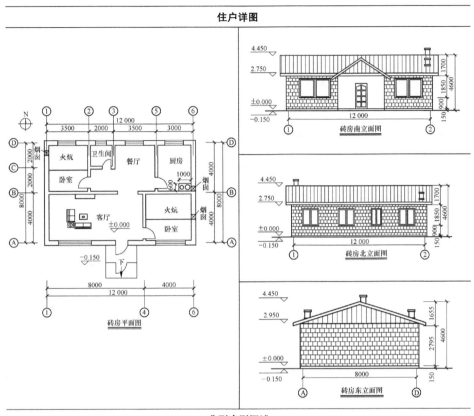

典型户型概述

1. 热工分区：严寒 C 区。

2. 地理位置：鄂托克前旗位于内蒙古自治区鄂尔多斯市西南部，北靠鄂托克旗，南隔长城与陕西省搭界，西隔黄河与宁夏回族自治区相望，东与乌审旗为邻。地处蒙、陕、宁交界。

3. 当地气候情况：属典型的温带大陆性气候。地处温带温暖型干旱、半干旱大陆性气候，年平均降水量只有 294.1 mm，年蒸发量达到 2514.8 mm，这就造成十年九旱的气候特点。

4. 建造时间：土坯＋砖房建造时间为 1965 年，砖房建造时间为 2014 年。

5. 建筑面积：土坯＋砖房面积 50.52 m²，砖房面积 83.42 m²。

6. 建造材料：土坯加砖房外墙材料为土坯和黏土砖，南向外墙瓷砖饰面，其他三面外墙（东、西、北）构造一致，四面外墙均 10 mm 抹灰饰面。砖房外墙材料为黏土空心砖，外墙外表面贴瓷砖，外窗为单框双玻铝合金窗。

7. 供暖方式：火炉＋火炕＋土暖气＋烟气加热地面，燃料为煤＋薪柴

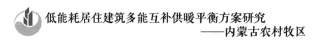
附表5 内蒙古农村牧区居住建筑现状调查表

第5号

村落名称	内蒙古呼和浩特和林格尔县舍必崖乡舍必崖村、董家营村、黑麻洼村			户数	1730

一、外墙结构形式

形式	1. 土坯	2. 土坯＋砖	3. 黏土实心砖	4. 黏土多孔砖	5. 其他
比例	—	50%	42%	8%	—

二、屋顶形式（注明构造材料，如钢筋混凝土、木屋顶……）

形式	1. 平屋顶	2.（平瓦木）单坡屋顶	3.（钢筋混凝土）双坡屋顶	4.（ ）其他
比例	2%	92%	6%	—

三、外窗构造（注明单层窗、双层窗、单层玻璃、中空玻璃……）

型材	1.（单玻单层）木窗	2.（单玻双层）钢窗	3.（单玻双层）塑料窗	4.（单玻双层）铝合金窗
比例	20%	70%	6%	4%

四、外门构造

形式	1. 单层木门	2. 双层木门	3. 保温防盗门	4. 带门斗双层门	5. 其他
比例	—	90%	10%	—	—

五、采暖方式

类型	1. 火炕	2. 火炕＋火墙	3. 火炕＋火炉	4. 火炕＋土暖气	5. 太阳能热水供暖	6. 烟气加热地面	7. 其他
比例	100%	—	100%	30%	—	—	—

六、采暖燃料

种类	1. 薪柴	2. 煤	3. 牛、羊粪	4. 煤＋薪柴	5. 其他
比例	85%	90%	—	85%	—

七、其他技术指标、构造做法

项目	户均建筑面积/m²	开间/m	进深/m	室内净高/m	窗台高度/m	室内外高差/m	室内地面保温层材料种类、厚度/mm
指标	80～100	15～20	5～7	4.1	1.0	0.3～0.6	—

八、舒适度感觉

等级	1. 冷	2. 稍冷	3. 可以	4. 较舒适	5. 舒适
比例	15%	60%	25%		

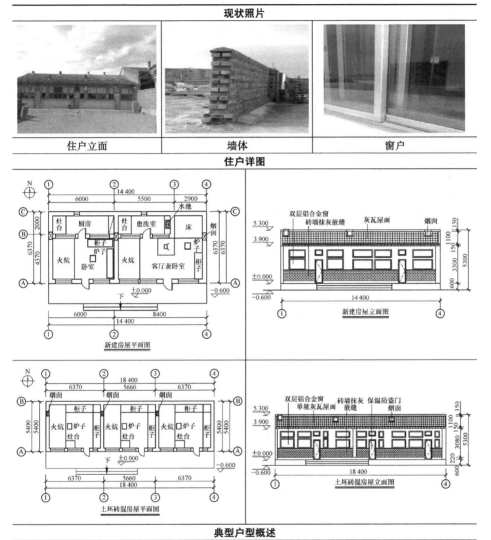

典型户型概述

1. **热工分区**：严寒 C 区。

2. **地理位置**：和林格尔县位于内蒙古自治区中部，为自治区首府呼和浩特市所辖旗县之一。地理坐标北纬 39°58′~40°41′，东经 111°26′~112°18′，北靠呼和浩特市区、土默特左旗，西连托克托县，南接清水河县，东与凉城县、山西省左云县毗邻。

3. **当地气候情况**：和林格尔县属于中温带半干旱大陆性季风气候，其主要特征是干旱、多风、寒冷，日光充足，温差大，冬季漫长而寒冷，夏季时短而温热，春季升温快，秋天降温烈。年平均气温在 6.2 ℃左右。1 月平均气温为 −12.8 ℃，极端最低气温为 −31.7 ℃，7 月平均气温为 22.1 ℃，极端最高气温为 37.9 ℃。

4. **建造时间**：20 世纪 90 年代中期。

5. **建筑面积**：土坯 + 砖混房屋 35 m²/间，新建房屋 40~50 m²/间。

6. **建造材料**：墙体多为土坯 + 砖墙，新建多为黏土实心砖墙体，外墙不加装饰，木屋顶木门，保温性能相对较差。

7. **供暖方式**：火炕 + 火炉，燃料为煤 + 薪柴

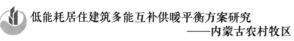
附表6 内蒙古农村牧区居住建筑现状调查表

第6号

村落名称	内蒙古呼和浩特市清水河县杨家窑村、大湾村、朔州窑村、阳坡窑村、麻湾村、元头卯村			户数	300

一、外墙结构形式

形式	1. 黏土＋石材	2. 土坯＋砖	3. 黏土实心砖	4. 黏土多孔砖	5. 其他
比例	90%	—	5%	5%	—

二、屋顶形式（注明构造材料，如钢筋混凝土、木屋顶……）

形式	1.（夯土）平屋顶	2.（钢筋混凝土）平屋顶	3.（　）双坡屋顶	4.（　）其他
比例	90%	10%	—	—

三、外窗构造（注明单层窗、双层窗、单层玻璃、中空玻璃……）

型材	1.（双层）木窗	2.（双层）钢窗	3.（双层）塑料窗	4.（双层）铝合金窗
比例	3%	30%	30%	37%

四、外门构造

形式	1. 单层木门	2. 双层木门	3. 保温防盗门	4. 带门斗双层门	5. 其他
比例	30%	60%	10%	—	—

五、采暖方式

类型	1. 火炕	2. 火炕＋火墙	3. 火炕＋火炉	4. 火炕＋土暖气	5. 太阳能热水供暖	6. 烟气加热地面	7. 其他
比例	100%	—	100%	—	—	—	—

六、采暖燃料

种类	1. 薪柴	2. 煤	3. 牛、羊粪	4. 煤＋薪柴	5. 其他
比例	100%	100%	—	100%	—

七、其他技术指标、构造做法

项目	户均建筑面积/m²	开间/m	进深/m	室内净高/m	窗台高度/m	室内外高差/m	室内地面保温层材料种类、厚度/mm
指标	120～150	15～20	8～10	4.2	1.1	0.2	—

八、舒适度感觉

等级	1. 冷	2. 稍冷	3. 可以	4. 较舒适	5. 舒适
比例	—	10%	50%	30%	10%

续表

现状照片

住户立面	室内	炕+灶

住户详图

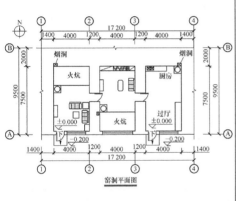

窑洞平面图

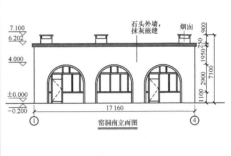

窑洞南立面图

典型户型概述

1. 热工分区：严寒 C 区。

2. 地理位置：清水河县杨家窑乡，位于阴山脚下，大青山北麓，清水河县西南 63 km 处，属呼和浩特市远郊，属于典型的山区乡，平均海拔 1680 m。

3. 当地气候情况：清水河县属中温带半干旱典型的大陆性季风气候。由于地形复杂，境内地区气候变化差异明显。冬长夏短，寒冷干燥，风多雨少，年平均气温 7.5 ℃，1 月平均气温 −11.5 ℃，极端最低气温 −29 ℃；7 月平均气温 22.5 ℃，极端最高气温 37.1 ℃。全年平均日照 2900 h。

4. 建造时间：20 世纪 80 年代中期。

5. 建筑面积：161.5 m²。

6. 建造材料：墙体为黏土 + 石材构成，外墙做抹灰、嵌缝，内墙抹灰饰面。

7. 供暖方式：火炉 + 火炕，燃料为煤和薪柴

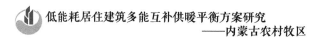
附表7 内蒙古农村牧区居住建筑现状调查表

第7号

村落名称	内蒙古巴彦淖尔杭锦后旗蛮会镇（六个队）			户数	221

一、外墙结构形式

形式	1. 土坯	2. 土坯 + 砖	3. 黏土实心砖	4. 黏土多孔砖	5.（　）其他
比例	5%	—	45%	50%	—

二、屋顶形式（注明构造材料，如钢筋混凝土、木屋顶……）

形式	1. 平屋顶	2. 单坡屋顶	3. 双坡屋顶	4.（　）其他
比例	75%	—	25%	—

三、外窗构造（注明单层窗、双层窗、单层玻璃、中空玻璃……）

型材	1. 木窗	2.（双层）钢窗	3.（单层）塑料窗	4. 铝合金窗
比例	—	37%	8%	55%

四、外门构造

形式	1. 单层木门	2. 双层木门	3. 保温防盗门	4. 带门斗双层门	5. 铝合金门
比例	5%	18%			77%

五、采暖方式

类型	1. 火炕	2. 火炕 + 火墙	3. 火炕 + 火炉	4. 火炕 + 土暖气	5. 太阳能热水供暖	6. 烟气加热地面	7. 其他
比例	100%	—	100%	—	—	—	

六、采暖燃料

种类	1. 薪柴	2. 煤	3. 牛、羊粪	4. 煤 + 薪柴	5. 其他
比例	100%	100%		100%	—

七、其他技术指标、构造做法

项目	户均建筑面积/m²	开间/m	进深/m	室内净高/m	窗台高度/m	室内外高差/m	室内地面保温层材料种类、厚度/mm
指标	70 ~ 80	8 ~ 12	6 ~ 8	3	0.8 ~ 1	0.3 ~ 0.5	—

八、舒适度感觉

等级	1. 冷	2. 稍冷	3. 可以	4. 较舒适	5. 舒适
比例	20%	50%	25%	5%	—

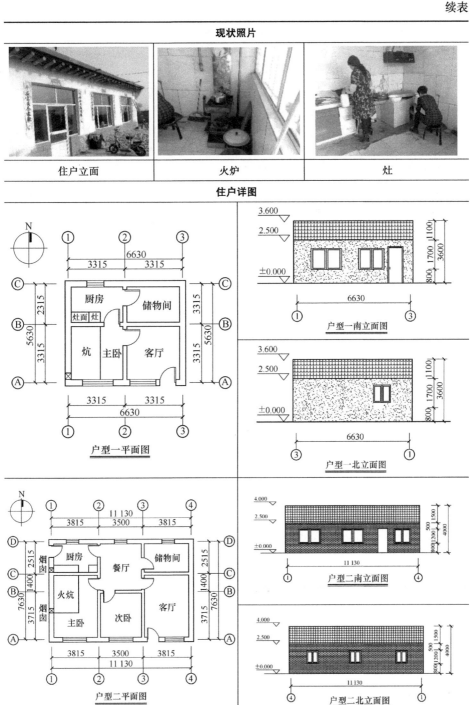

现状照片		
住户立面	火炉	灶

住户详图

户型一平面图

户型一南立面图

户型一北立面图

户型二平面图

户型二南立面图

户型二北立面图

续表

典型户型概述

1. 热工分区：严寒 C 区。

2. 地理位置：蛮会镇地处东经 107°12′，北纬 41°55′，东邻临河区，北接乌拉特后旗，西与本旗沙海镇相邻，全镇总辖地面积 199.31 km^2。

3. 当地气候情况：杭锦后旗属温带大陆性气候，年平均降雨量 138.2 mm，蒸发量 2096.4 mm；昼夜平均温差 8.2 ℃，昼夜温差大、西南风和东北风盛行；年日照时数 3220 h 以上，积温 3520 ℃ 以上，日照率达 73%，是全国光能资源最丰富的地区之一。

4. 建造时间：户型一建造时间为 1950 年，户型二建造时间为 2014 年。

5. 建筑面积：户型一面积 42 m^2，户型二面积 92 m^2。

6. 建造材料：户型一外墙采用土坯砌筑，外表面抹灰。户型二外墙采用黏土多孔砖砌筑，外表面抹灰；外窗为双层玻璃中空铝合金窗；外门为单层铝合金门。

7. 供暖方式：火炕，燃料为煤、薪柴

附表8　内蒙古农村牧区居住建筑现状调查表

第8号

村落名称	内蒙古巴彦淖尔市乌拉特前旗先锋镇新华村新华五社新华六社			户数	267

一、外墙结构形式

形式	1. 土坯	2. 土坯+砖	3. 黏土实心砖	4. 黏土多孔砖	5. 其他
比例	13%	45%	32%	9%	1%

二、屋顶形式（注明构造材料，如钢筋混凝土、木屋顶……）

形式	1.（水泥）平屋顶	2.（　）单坡屋顶	3.（瓦木）双坡屋顶	4.（彩钢）其他
比例	47%	—	45%	8%

三、外窗构造（注明单层窗、双层窗、单层玻璃、中空玻璃……）

型材	1.（单层）木窗	2.（双层）钢窗	3.（单层）塑料窗	4.（单层）铝合金窗
比例	13%	60%	22%	5%

四、外门构造

形式	1. 单层木门	2. 双层木门	3. 保温防盗门	4. 带门斗双层门	5. 其他
比例	59%	32%	9%	—	—

五、采暖方式

类型	1. 火炕	2. 火炕+火墙	3. 火炕+火炉	4. 火炕+土暖气	5. 太阳能热水供暖	6. 烟气加热地面	7. 其他
比例	100%	—	80%	90%	—	—	—

六、采暖燃料

种类	1. 薪柴	2. 煤	3. 牛、羊粪	4. 煤+薪柴	5. 其他
比例	80%	100%	—	80%	—

七、其他技术指标、构造做法

项目	户均建筑面积/m²	开间/m	进深/m	室内净高/m	窗台高度/m	室内外高差/m	室内地面保温层材料种类、厚度/mm
指标	85~95	10~12	7~8	3.1	0.9	0.30	

八、舒适度感觉

等级	1. 冷	2. 稍冷	3. 可以	4. 较舒适	5. 舒适
比例	7%	18%	35%	22%	18%

179

续表

现状照片		

住户立面	火炕	灶

住户详图

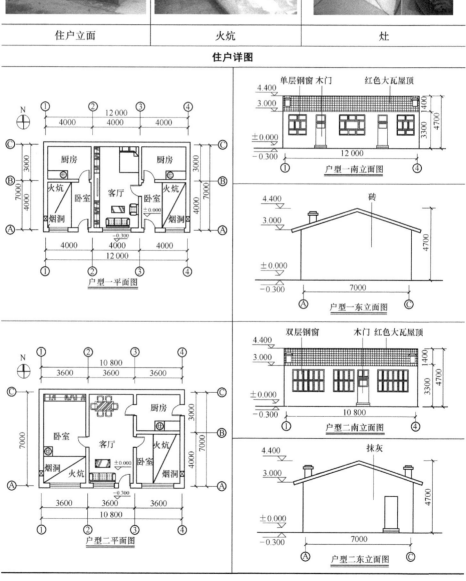

户型一平面图

户型一南立面图

户型一东立面图

户型二平面图

户型二南立面图

户型二东立面图

典型户型概述

1. 热工分区：严寒 C 区。

2. 地理位置：新华村是内蒙古巴彦淖尔乌拉特前旗先锋镇下辖的行政村，与分水村、红旗村、先锋村、永福村、西坝头村、黑柳子村、三顶村、油房村、苏木图村、公庙村、大田村相邻。

3. 当地气候情况：乌拉特前旗属中温带大陆性季风气候，日照充足，积温较多，昼夜温差大。年平均气温为3.5~7.2 ℃，最高极端气温38.8 ℃，最低极端气温 −36.5 ℃，历年平均日照时数为3202 h。

4. 建造时间：户型一建造时间为1967 年，户型二建造时间为2005 年。

5. 建筑面积：户型一面积为91.17 m^2，户型二面积为82.32 m^2。

6. 建造材料：户型一住宅外墙一半砖墙，一半土坯墙，内墙则为全土坯墙，外窗为单层钢窗。户型二住宅外墙为黏土实心砖墙，外侧贴瓷砖，外窗为双层钢窗。

7. 供暖方式：火炕 + 火炉 + 土暖气供暖，燃料为煤和薪柴

附表9　内蒙古农村牧区居住建筑现状调查表

第9号

村落名称	内蒙古乌兰察布市凉城县岱海镇鞍山行政村			户数	200

一、外墙结构形式

形式	1. 土坯	2. 土坯+砖	3. 黏土实心砖	4. 黏土多孔砖	5. 其他
比例	—	8%	45%	47%	—

二、屋顶形式（注明构造材料，如钢筋混凝土、木屋顶……）

形式	1.（水泥）平屋顶	2.（　）单坡屋顶	3.（瓦木）双坡屋顶	4.（　）其他
比例	10%	—	90%	—

三、外窗构造（注明单层窗、双层窗、单层玻璃、中空玻璃……）

型材	1.（双层）木窗	2.（双层）钢窗	3.（单框双玻）塑料窗	4.（单框双玻）铝合金窗
比例	3%	6%	79%	12%

四、外门构造

形式	1. 单层木门	2. 双层木门	3. 保温防盗门	4. 带门斗双层门	5. 其他
比例	3%	—	83%	—	14%

五、采暖方式

类型	1. 火炕	2. 火炕+火墙	3. 火炕+火炉	4. 火炕+土暖气	5. 太阳能热水供暖	6. 烟气加热地面	7. 其他
比例	100%		90%	60%			

六、采暖燃料

种类	1. 薪柴	2. 煤	3. 牛、羊粪	4. 煤+薪柴	5. 其他
比例	85%	100%	—	85%	—

七、其他技术指标、构造做法

项目	户均建筑面积/m²	开间/m	进深/m	室内净高/m	窗台高度/m	室内外高差/m	室内地面保温层材料种类、厚度/mm
指标	80～90	12～15	6～8	3.0	0.75	0.30～0.45	平铺地砖，6～10

八、舒适度感觉

等级	1. 冷	2. 稍冷	3. 可以	4. 较舒适	5. 舒适
比例	2%	13%	65%	15%	5%

现状照片

街道

住户立面

炕

住户详图

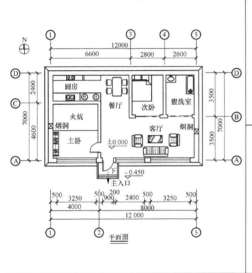

平面图

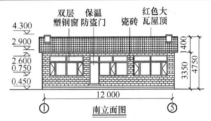

南立面图

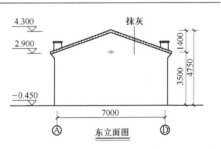

东立面图

典型户型概述

1. 热工分区：严寒 C 区。

2. 地理位置：内蒙古自治区乌兰察布市凉城县岱海镇在凉城县的中部，总面积 370 km²，人口 7.9 万人，其中城镇人口 3.9 万人。

3. 当地气候情况：凉城县属中温带半干旱大陆性季风气候，年平均气温 2~5℃，1 月平均气温 −13℃，7 月平均气温 20.5℃，全年极端最低气温 −34.3℃，极端最高气温 39.3℃，年平均日照时数为 3026 h。

4. 建造时间：2014 年。

5. 建筑面积：84 m²。

6. 建造材料：外墙为黏土空心砖墙体，南向墙体外侧贴瓷砖，其他朝向外墙抹灰。建筑采用铝合金窗和塑钢玻璃单层门，气密性相对较好。

7. 供暖方式：火炕＋土暖气，燃料为煤＋薪柴

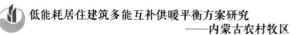

附表10 内蒙古农村牧区居住建筑现状调查表

第10号

村落名称	内蒙古乌兰察布市凉城县六苏木乡大圪塄村			户数	185

一、外墙结构形式

形式	1. 土坯	2. 土坯＋砖	3. 黏土实心砖	4. 黏土多孔砖	5. 其他
比例	—	2%	30%	68%	—

二、屋顶形式（注明构造材料，如钢筋混凝土、木屋顶……）

形式	1. （水泥）平屋顶	2. （　）单坡屋顶	3. （瓦木）双坡屋顶	4. （　）其他
比例	10%	—	90%	—

三、外窗构造（注明单层窗、双层窗、单层玻璃、中空玻璃……）

型材	1. （双层）木窗	2. （双层）钢窗	3. （单框双玻）塑料窗	4. （单框双玻）铝合金窗
比例	2%	5%	83%	10%

四、外门构造

形式	1. 单层木门	2. 双层木门	3. 保温防盗门	4. 带门斗双层门	5. 其他
比例	2%	—	87%	—	11%

五、采暖方式

类型	1. 火炕	2. 火炕＋火墙	3. 火炕＋火炉	4. 火炕＋土暖气	5. 太阳能热水供暖	6. 烟气加热地面	7. 其他
比例	100%	—	95%	60%	—	—	—

六、采暖燃料

种类	1. 薪柴	2. 煤	3. 牛、羊粪	4. 煤＋薪柴	5. 其他
比例	90%	100%	—	90%	—

七、其他技术指标、构造做法

项目	户均建筑面积/m^2	开间/m	进深/m	室内净高/m	窗台高度/m	室内外高差/m	室内地面保温层材料种类、厚度/mm
指标	60～80	8～10	6～8	3.1	0.9	0.30～0.45	平铺地砖，6～10

八、舒适度感觉

等级	1. 冷	2. 稍冷	3. 可以	4. 较舒适	5. 舒适
比例	2%	10%	68%	15%	5%

续表

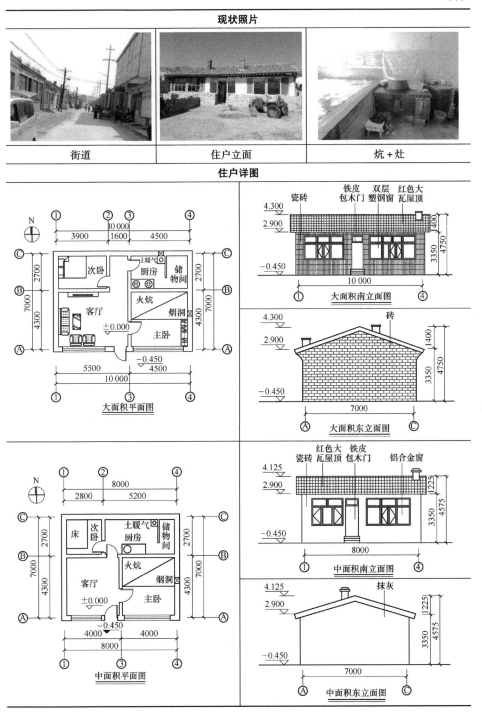

现状照片		
街道	住户立面	炕 + 灶

住户详图

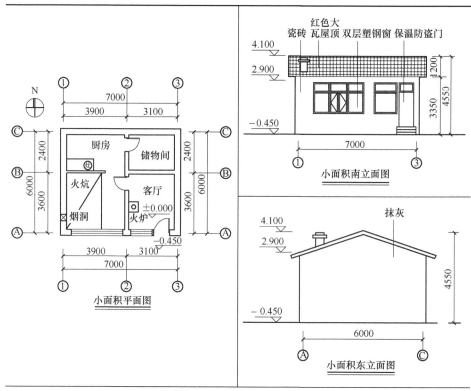

小面积平面图

小面积南立面图

小面积东立面图

典型户型概述

1. 热工分区：严寒 C 区。

2. 地理位置：大圪塄村内蒙古乌兰察布凉城县，是内蒙古乌兰察布凉城县六苏木镇下辖的行政村。

3. 当地气候情况：凉城县属中温带半干旱大陆性季风气候，年平均气温 2 ~ 5 ℃，1 月平均气温 −13 ℃，7 月平均气温 20.5 ℃，全年极端最低气温 −34.3 ℃，极端最高气温 39.3 ℃，年平均日照时数为 3026 h。

4. 建造时间：1990 ~ 2010 年。

5. 建筑面积：大面积 70 m²、中面积 56 m²、小面积 42 m²。

6. 建造材料：20 世纪 70 年代以前，主要建造材料是土坯和木材；70 年代后，建造形式是内生外熟（砖包土坯）；90 年代开始，黏土实心砖成为主要的建筑材料；新建与改建建筑用的都是黏土多孔砖。

7. 供暖方式：火炕 + 火炉，火炕 + 土暖气，燃料为煤 + 薪柴

附表 11　内蒙古农村牧区居住建筑现状调查表

第 11 号

村落名称	内蒙古乌兰察布市卓资县小苏计村			户数	102

一、外墙结构形式

形式	1. 土坯	2. 土坯 + 砖	3. 黏土实心砖	4. 黏土多孔砖	5. 其他
比例	—	—	40%	60%	

二、屋顶形式（注明构造材料，如钢筋混凝土、木屋顶……）

形式	1. （水泥）平屋顶	2. （　）单坡屋顶	3. （瓦木）双坡屋顶	4. （　）其他
比例	10%	—	90%	—

三、外窗构造（注明单层窗、双层窗、单层玻璃、中空玻璃……）

型材	1. （单层）木窗	2. （单层）钢窗	3. （单层）塑料窗	4. （　）铝合金窗
比例	—	100%	—	—

四、外门构造

形式	1. 单层木门	2. 双层木门	3. 保温防盗门	4. 带门斗双层门	5. 其他
比例	10%	90%			

五、采暖方式

类型	1. 火炕	2. 火炕 + 火墙	3. 火炕 + 火炉	4. 火炕 + 土暖气	5. 太阳能热水供暖	6. 烟气加热地面	7. 其他
比例	100%	—	90%	70%	—	—	—

六、采暖燃料

种类	1. 薪柴	2. 煤	3. 牛、羊粪	4. 煤 + 薪柴	5. 其他
比例	—	100%	—	—	

七、其他技术指标、构造做法

项目	户均建筑面积/m²	开间/m	进深/m	室内净高/m	窗台高度/m	室内外高差/m	室内地面保温层材料种类、厚度/mm
指标	50 ~ 70	7 ~ 10	6 ~ 8	3	1.0	0.3 ~ 0.5	—

八、舒适度感觉

等级	1. 冷	2. 稍冷	3. 可以	4. 较舒适	5. 舒适
比例		40%	60%		

续表

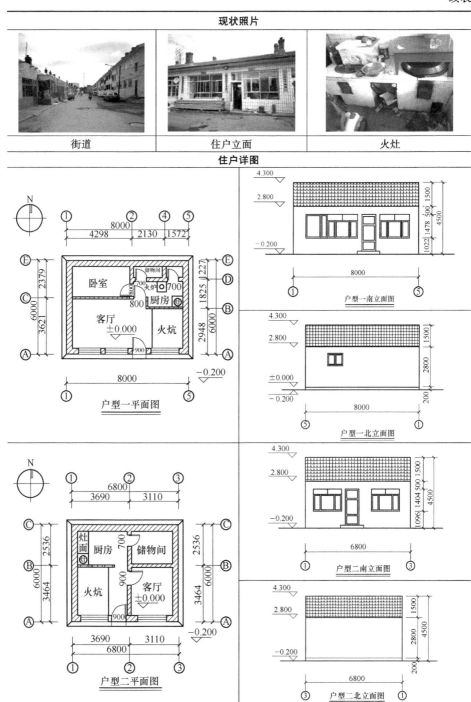

典型户型概述

1. 热工分区：严寒 C 区。

2. 地理位置：卓资县位于内蒙古自治区中部的乌兰察布市境内，县政府所在地卓资山镇西至自治区首府呼和浩特市 73 km，东距乌兰察布市集宁区 52 km，距首都北京 430 km。卓资县周边与呼和浩特市及其他 8 个旗县市相毗邻。

3. 当地气候情况：卓资县属中温带半干旱大陆性季风气候，年平均气温 2.5 ℃，地表以上 70 m 高处年平均风速在 7.2 ~ 8.8 m/s，年有效风时 7300 ~ 8100 h，县境内太阳辐射平均在 5795.3 MJ/m² 以上，年均日照总时数 2900 h 以上，属全国日照高值区。

4. 建造时间：1978 ~ 2000 年。

5. 建筑面积：40.8 ~ 48 m²。

6. 建造材料：南向外墙外表面有 15 mm 厚的瓷砖饰面，外墙内表面均有 10 mm 抹灰饰面。

7. 供暖方式：火炕 + 火炉 + 土暖气，燃料为煤

附表12 内蒙古农村牧区居住建筑现状调查表

第12号

| 村落名称 | 内蒙古乌海市海勃湾区下海勃湾镇中河源村、绿源村、富源村 | | | 户数 | 1400 |

一、外墙结构形式

形式	1. 土坯	2. 土坯+砖	3. 黏土实心砖	4. 黏土多孔砖	5. 其他
比例	—	—	100%	—	—

二、屋顶形式（注明构造材料，如钢筋混凝土、木屋顶……）

形式	1. （水泥）平屋顶	2. （ ）单坡屋顶	3. （瓦木）双坡屋顶	4. （ ）其他
比例	10%	—	90%	—

三、外窗构造（注明单层窗、双层窗、单层玻璃、中空玻璃……）

型材	1. （ ）木窗	2. （单层）钢窗	3. （双层）钢窗	4. （单层）铝合金窗
比例	—	65%	33%	2%

四、外门构造

形式	1. 单层铁门	2. 双层铁门	3. 保温防盗门	4. 带门斗双层门	5. 其他
比例	81%	16%	—	3%	—

五、采暖方式

类型	1. 火炕	2. 火炕+火墙	3. 火炕+火炉	4. 火炕+土暖气	5. 太阳能热水供暖	6. 烟气加热地面	7. 暖气炕
比例	50%	—	40%	35%	—	—	50%

六、采暖燃料

种类	1. 薪柴	2. 煤	3. 牛、羊粪	4. 煤+薪柴	5. 其他
比例	100%	100%	—	100%	—

七、其他技术指标、构造做法

项目	户均建筑面积/m²	开间/m	进深/m	室内净高/m	窗台高度/m	室内外高差/m	室内地面保温层材料种类、厚度/mm
指标	90~110	12~15	8~10	3.0	0.9	0.15~0.3	—

八、舒适度感觉

等级	1. 冷	2. 稍冷	3. 可以	4. 较舒适	5. 舒适
比例	—	20%	20%	50%	10%

现状照片

村落	住户立面	暖气炕

住户详图

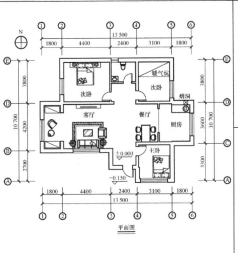

平面图

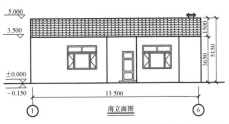

南立面图

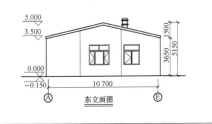

东立面图

典型户型概述

1. 热工分区：严寒 C 区。

2. 地理位置：海勃湾区位于内蒙古自治区西部、乌海市东北部。东倚卓子山与鄂尔多斯市鄂托克旗为邻；西隔黄河与乌达区相望；南至四眼井与海南区相连；北与鄂托克旗碱柜乡交界。总面积 529 km^2，总人口 24 万。

3. 当地气候情况：乌海市属于典型的大陆性季风气候，冬季少雪，春季干旱，夏季炎热高温，秋季气温剧降。春秋季短，冬夏季长，昼夜温差大，日照时间长，可见光照资源丰富。年平均气温 9.6 ℃，极端最高气温 40.2 ℃，极端最低气温 -36.6 ℃，年平均日照总时数为 3138.6 h，年平均接受太阳辐射能 155.8 kcal/cm^2。

4. 建造时间：2005 年。

5. 建筑面积：114.30 m^2。

6. 建造材料：外墙为 370 mm 的实心黏土砖墙；外窗为单层钢窗。

7. 供暖方式：暖气炕 + 火炉，燃料为煤和薪柴

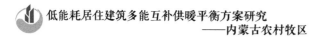
附表13 内蒙古农村牧区居住建筑现状调查表

第13号

| 村落名称 | 内蒙古赤峰市克什克腾旗达日罕苏木乌拉苏太嘎查（有六个队） | | | | 户数 | 215 |

一、外墙结构形式

形式	1. 土坯	2. 土坯+砖	3. 黏土实心砖	4. 黏土多孔砖	5. 其他
比例	5%		95%	—	—

二、屋顶形式（注明构造材料，如钢筋混凝土、木屋顶……）

形式	1.（ ）平屋顶	2.（ ）单坡屋顶	3.（瓦片）双坡屋顶	4.（ ）其他
比例	—	—	100%	—

三、外窗构造（注明单层窗、双层窗、单层玻璃、中空玻璃……）

型材	1.（双层）木窗	2.（双层）钢窗	3.（单框双玻）塑料窗	4.（单框双玻）铝合金窗
比例	4%	6%	10%	80%

四、外门构造

形式	1. 单层木门	2. 双层木门	3. 保温防盗门	4. 带门斗双层门	5. 其他
比例	3%	2%	85%	10%	—

五、采暖方式

类型	1. 火炕	2. 火炕+火墙	3. 火炕+火炉	4. 火炕+土暖气	5. 太阳能热水供暖	6. 烟气加热地面	7. 其他
比例	100%	—	100%	—	—	—	

六、采暖燃料

种类	1. 薪柴	2. 煤	3. 牛、羊粪	4. 煤+薪柴	5. 其他
比例	10%	10%	90%	10%	

七、其他技术指标、构造做法

项目	户均建筑面积/m²	开间/m	进深/m	室内净高/m	窗台高度/m	室内外高差/m	室内地面保温层材料种类、厚度/mm
指标	50~70	8~10	6~8	2.8	0.8~1	0.15	—

八、舒适度感觉

等级	1. 冷	2. 稍冷	3. 可以	4. 较舒适	5. 舒适
比例	80%	—	20%		

续表

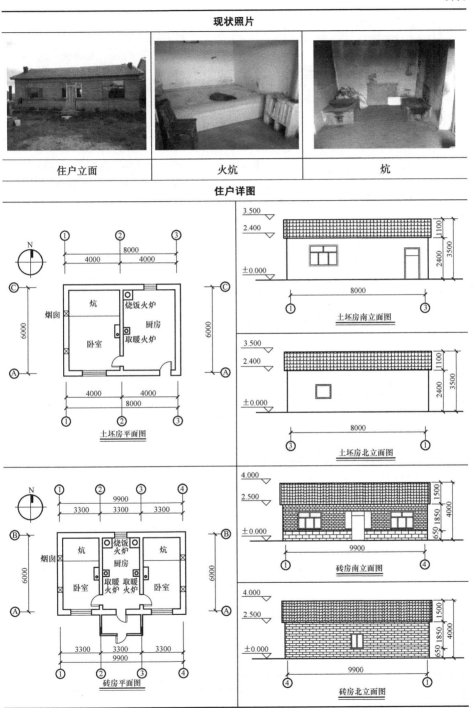

现状照片

住户立面　｜　火炕　｜　炕

住户详图

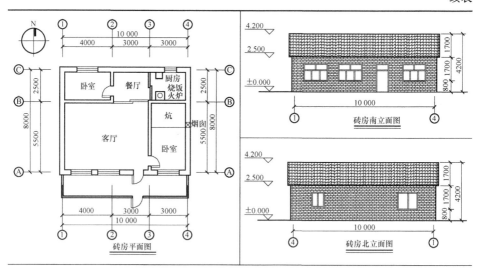

砖房平面图　砖房南立面图　砖房北立面图

典型户型概述

1. 热工分区：严寒 B 区。

2. 地理位置：克什克腾旗位于内蒙古东部、赤峰市西北部，地处内蒙古高原与大兴安岭南端山地和燕山余脉七老图山的交汇地带，南北长 207 km，东西宽 170 km，总面积 20673 km²。

3. 当地气候情况：克什克腾旗地势西高东低、中沙北草，地处浑善达克和科尔沁两大沙地的结合部，融西部草原、南部熔岩台地和北部丘陵山区于一体，属中温带大陆性季风气候，年平均气温 2～4 ℃，年降雨量 250～500 mm，降雨多集中在 6～8 月份。

4. 建造时间：2005 年。

5. 建筑面积：土坯，41.34 m²；砖房，50.67 m²/69.72 m²。

6. 建造材料：四面外墙为 370 mm 砖墙，墙基础为根脚，材料为毛石。土坯墙毛石上为土坯，外侧为泥。砖墙毛石上为普通砖，外侧为泥。双坡屋顶底层用圆木棍排满，上面用木头加三脚架支撑，两坡用木板覆盖，上面涂泥铺瓦片。

7. 供暖方式：，火炉 + 火炕，燃料为牛羊粪

附表14 内蒙古农村牧区居住建筑现状调查表

第14号

村落名称	内蒙古赤峰市喀喇沁旗锦山镇梨树沟村、玉皇庙沟村、小梁底村		户数	168

一、外墙结构形式

形式	1. 土坯	2. 土坯＋砖	3. 黏土实心砖	4. 黏土多孔砖	5. 其他
比例	—	—	100%	—	—

二、屋顶形式（注明构造材料，如钢筋混凝土、木屋顶……）

形式	1.（ ）平屋顶	2.（ ）单坡屋顶	3.（瓦木）双坡屋顶	4.（ ）其他
比例	—	—	100%	—

三、外窗构造（注明单层窗、双层窗、单层玻璃、中空玻璃……）

型材	1.（ ）木窗	2.（双层）钢窗	3.（单层）钢窗	4.（单框双玻）铝合金窗
比例	—	24%	14%	62%

四、外门构造

形式	1. 单框铝合金门	2. 单层铁门	3. 保温防盗门	4. 带门斗双层门	5. 其他
比例	78%	18%	—	4%	

五、采暖方式

类型	1. 火炕	2. 火炕＋火墙	3. 火炕＋火炉	4. 火炕＋土暖气	5. 太阳能热水供暖	6. 烟气加热地面	7. 其他
比例	100%	—	100%	90%	—	—	—

六、采暖燃料

种类	1. 薪柴	2. 煤	3. 牛、羊粪	4. 煤＋薪柴	5. 其他
比例	100%	100%	—	100%	—

七、其他技术指标、构造做法

项目	户均建筑面积/m²	开间/m	进深/m	室内净高/m	窗台高度/m	室内外高差/m	室内地面保温层材料种类、厚度/mm
指标	120～140	15～20	7～9	4.0	0.9～1.1	0.15～0.5	—

八、舒适度感觉

等级	1. 冷	2. 稍冷	3. 可以	4. 较舒适	5. 舒适
比例	—	25%	45%	30%	—

现状照片

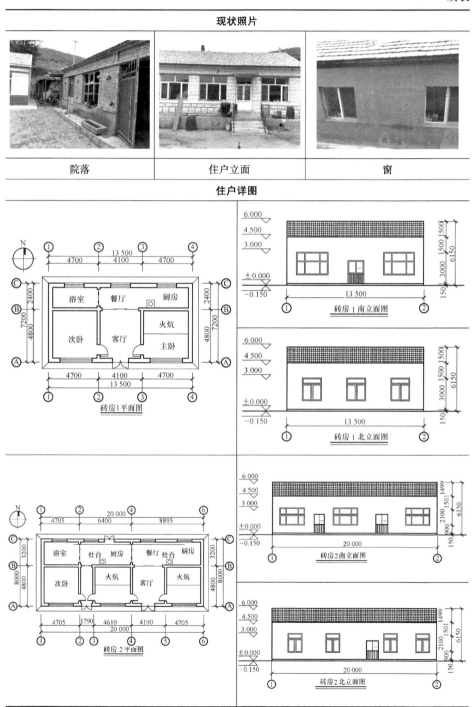

| 院落 | 住户立面 | 窗 |

住户详图

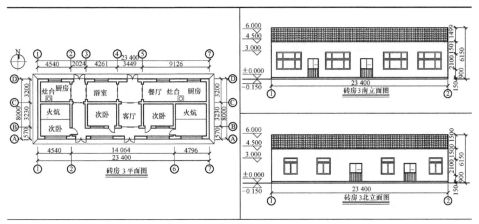

典型户型概述

1. 热工分区：严寒 C 区。

2. 地理位置：锦山镇位于赤峰市喀喇沁旗中部，土地总面积 324.95 km²，耕地面积 69458 亩。锦山镇是全旗的政治、经济、交通、文化中心，现为中共喀喇沁旗委、喀喇沁旗人民政府所在地。

3. 当地气候情况：喀喇沁旗属中温带大陆性季风气候，春季风大干燥，夏季多雨高温，秋季霜冻较早，冬季寒冷少雪，四季分明，雨水较少。年平均气温 3.5～7 ℃，1 月平均气温 –11～14 ℃，极端最低温度 –30.9 ℃；7 月平均气温 20～23 ℃，极端最高温度 37.4 ℃。年平均日照总时数 2913.3 h，年均风速为 2.8 m/s。

4. 建筑面积：住户一 97.20 m²，住户二 160 m²，住户三 187.2 m²。

5. 建造材料：外墙（东、西、南、北）厚度一致，外墙内表面为 10 mm 抹灰饰面，20% 的住户南向外墙外表面为 15 mm 厚的瓷砖饰面；木屋架双坡屋顶，覆盖普通三曲瓦。

6. 供暖方式：火炕 + 火炉 + 土暖气，燃料为薪柴和煤炭

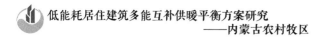

附表15　内蒙古农村牧区居住建筑现状调查表

村落名称	内蒙古呼伦贝尔市新巴尔虎左旗新宝力格苏木莫达木吉嘎查			户数	600

一、外墙结构形式

形式	1. 土坯	2. 土坯+砖	3. 黏土实心砖	4. 黏土多孔砖	5. 其他
比例	10%	50%	40%	—	—

二、屋顶形式（注明构造材料，如钢筋混凝土、木屋顶……）

形式	1. （草+泥）平屋顶	2. （瓦木）双坡屋顶	3. （彩钢）双坡屋顶	4. 其他
比例	20%	70%	10%	

三、外窗构造（注明单层窗、双层窗、单层玻璃、中空玻璃……）

型材	1. （双层）木窗	2. （双层）钢窗	3. （中空玻璃）塑料窗	4. 单框双玻铝合金窗
比例	30%	30%	30%	10%

四、外门构造

形式	1. 单层木门	2. 双层木门	3. 保温防盗门	4. 带门斗双层门	5. 其他
比例	20%	30%	30%	20%	—

五、采暖方式

类型	1. 火炕	2. 火炕+火墙+火炉	3. 火墙+火炉	4. 火炕+土暖气	5. 太阳能热水供暖	6. 烟气加热地面	7. 其他
比例	100%	90%	60%	30%	—	—	—

六、采暖燃料

种类	1. 薪柴	2. 煤	3. 牛、羊粪	4. 煤+薪柴	5. 煤+牛、羊粪
比例	—	100%	100%		100%

七、其他技术指标、构造做法

项目	户均建筑面积/m²	开间/m	进深/m	室内净高/m	窗台高度/m	室内外高差/m	室内地面保温层材料种类、厚度/mm
指标	65~80	12~15	6~8	2.9~3.3	0.8	0.3	—

八、舒适度感觉

等级	1. 冷	2. 稍冷	3. 可以	4. 较舒适	5. 舒适
比例	10%	40%	40%	10%	—

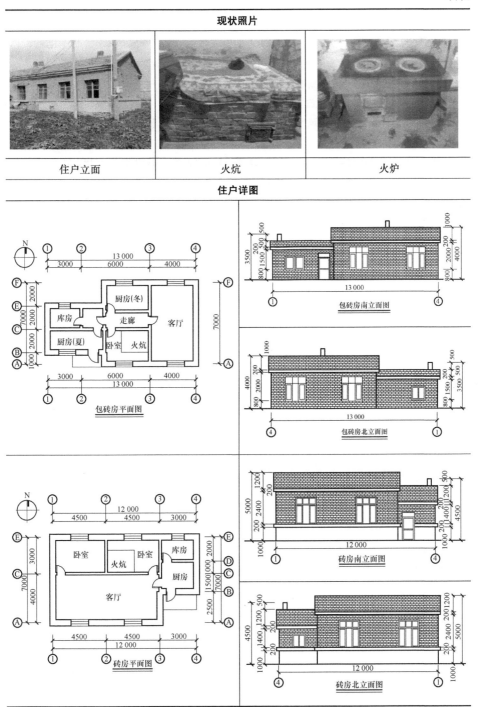

现状照片

| 住户立面 | 火炕 | 火炉 |

住户详图

包砖房平面图

包砖房南立面图

包砖房北立面图

砖房平面图

砖房南立面图

砖房北立面图

续表

典型户型概述

1. 热工分区：严寒 A 区。

2. 地理位置：新巴尔虎左旗（又称东旗，新左旗）是隶属内蒙古自治区呼伦贝尔市的一个旗，地处大兴安岭北麓，呼伦贝尔市西南端，土地面积 2.2 万平方千米。

3. 当地气候情况：新巴尔虎左旗境内属中温带大陆性季风气候，冬季漫长严寒，积雪期为 140 d 左右；春季干旱，多大风，最大风力 7 ~ 8 级；夏季温和雨水集中；秋季气温急降，无霜期短。年平均气温 0.2 ℃，年降水量 280 mm 左右。

4. 建造时间：土坯房为 20 世纪 60 ~ 70 年代建造，包砖房是 80 年代初兴起，砖房为 90 年代后。

5. 建筑面积：住户一 76 m²，住户二 80 m²。

6. 建造材料：土坯房外墙厚度一致，外抹草和泥；包砖墙内部是土坯墙，外面用单砖包裹；砖墙外墙厚度一致，室内抹水泥。房顶为双坡屋顶，上铺瓦片。

7. 供暖方式：煤和牛羊粪做燃料，火炕、火墙、火炉、土暖气供暖

附表16 内蒙古农村牧区居住建筑现状调查表

第 16 号

| 村落名称 | 内蒙古通辽市奈曼旗大沁他拉镇道劳代村四组及周边村镇 | | | 户数 | 84 |

一、外墙结构形式

形式	1. 夯土	2. 夯土+砖	3. 黏土实心砖	4. 黏土多孔砖	5. 其他
比例	10%	1%	89%	—	—

二、屋顶形式（注明构造材料，如钢筋混凝土、木屋顶……）

形式	1.（草+泥）平屋顶	2.（ ）单坡屋顶	3.（瓦木）双坡屋顶	4.（彩钢）双坡屋顶
比例	2%	—	90%	8%

三、外窗构造（注明单层窗、双层窗、单层玻璃、中空玻璃……）

型材	1.（单层）木窗	2.（单层）铁窗	3.（单层）塑料窗	4.（单层双玻）铝合金窗
比例	4%	10%	14%	72%

四、外门构造

形式	1. 单层木门	2. 双层木门	3. 单层铝合金门	4. 带门斗的铝合金门	5. 单层铁框门
比例	4%	—	28%	47%	21%

五、采暖方式

类型	1. 火炕	2. 火炕+火墙	3. 火炕+火炉	4. 火炕+土暖气	5. 太阳能热水供暖	6. 烟气加热地面	7. 其他
比例	100%	—	90%	75%	—	—	—

六、采暖燃料

种类	1. 薪柴	2. 煤	3. 牛、羊粪	4. 煤+薪柴	5. 其他
比例	100%	100%	—	100%	—

七、其他技术指标、构造做法

项目	户均建筑面积/m²	开间/m	进深/m	室内净高/m	窗台高度/m	室内外高差/m	室内地面保温层材料种类、厚度/mm
指标	100~120	9~15	7~9	2.9~3.1	0.75~1.0	0.3~0.5	—

八、舒适度感觉

等级	1. 冷	2. 稍冷	3. 可以	4. 较舒适	5. 舒适
比例	10%	30%	30%	30%	—

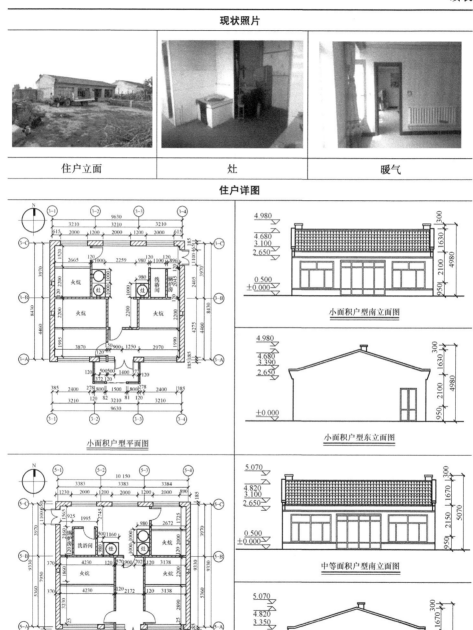

续表

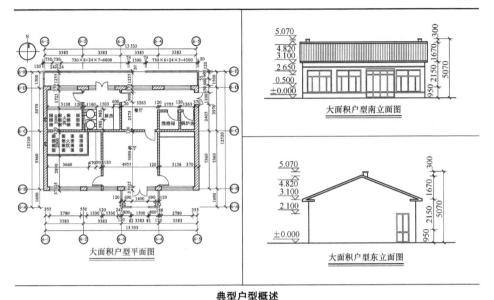

典型户型概述

1. 热工分区：严寒 C 区。

2. 地理位置：奈曼旗位于内蒙古通辽市西南部，科尔沁沙地南缘，地形地貌特征一般概括为"南山中沙北河川，两山六沙二平原"。南部为辽西山地北缘，海拔 400~600 m 浅山丘陵；中部以风蚀堆积沙地为主；中北部平原属西辽河、教来河冲积平原一部分，地势平坦开阔。

3. 当地气候情况：奈曼旗气候属于北温带大陆性季风干旱气候，年平均气温 6.0~6.5 ℃，平均降水量 366 mm；冬季多西北风，春季多西南风，年平均风速 3.6~4.1 m/s，年平均日照总时数 3000 h 左右。

4. 建造时间：1990~2010 年。

5. 建筑面积：住户一 81.6 m²，住户二 96.9 m²，住户三 126.9 m²。

6. 建造材料：土坯墙外侧砌 120 mm 厚的砖墙；砖墙外墙厚度一致，室内抹水泥；房顶为双坡屋顶，上铺瓦片；窗户有木质门窗、铁质门窗、铝合金门窗。

7. 供暖方式：火炕＋土暖气，燃料为煤炭和薪柴

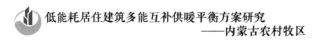
附表17　内蒙古农村牧区居住建筑现状调查表

第17号

| 村落名称 | 内蒙古通辽市奈曼旗黄花塔拉镇东界哈日麻台嘎查 | | | | 户数 | 544 |

一、外墙结构形式

形式	1. 土坯	2. 土坯+砖	3. 黏土实心砖	4. 黏土多孔砖	5. 其他
比例	2%	5%	93%	—	—

二、屋顶形式（注明构造材料，如钢筋混凝土、木屋顶……）

形式	1.（　）平屋顶	2.（　）单坡屋顶	3.（瓦木）双坡屋顶	4. 其他
比例	—	—	100%	—

三、外窗构造（注明单层窗、双层窗、单层玻璃、中空玻璃……）

型材	1.（单层）木窗	2.（单、双层）钢窗	3.（单、双层）塑料窗	4.（单层双玻）铝合金窗
比例	2%	7%	8%	83%

四、外门构造

形式	1. 单层木门	2. 双层木门	3. 保温防盗门	4. 带门斗双层门	5. 其他
比例	2%	5%	85%	8%	—

五、采暖方式

类型	1. 火炕	2. 火炕+火墙	3. 火炕+火炉	4. 火炕+土暖气	5. 太阳能热水供暖	6. 烟气加热地面	7. 其他
比例	100%	—	100%	70%	—	—	

六、采暖燃料

种类	1. 薪柴	2. 煤	3. 牛、羊粪	4. 煤+薪柴	5. 其他
比例	100%	100%	—	100%	—

七、其他技术指标、构造做法

项目	户均建筑面积/m²	开间/m	进深/m	室内净高/m	窗台高度/m	室内外高差/m	室内地面保温层材料种类、厚度/mm
指标	100~110	12~15	8	2.9	0.8	0.15~0.3	

八、舒适度感觉

等级	1. 冷	2. 稍冷	3. 可以	4. 较舒适	5. 舒适
比例	50%	10%	20%	20%	—

现状照片

住户立面	火炕+土暖气	火炉

住户详图

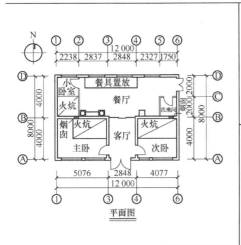

平面图

南立面图

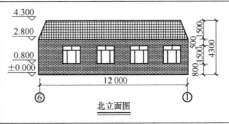

北立面图

典型户型概述

1. **热工分区**：严寒 C 区。

2. **地理位置**：奈曼旗位于内蒙古通辽市西南部，科尔沁沙地南缘，地形地貌特征一般概括为"南山中沙北河川，两山六沙二平原"。南部为辽西山地北缘，海拔 400~600 m 浅山丘陵；中部以风蚀堆积沙地为主；中北部平原属西辽河、教来河冲积平原一部分，地势平坦开阔。1636 年置旗，南与辽宁省阜新市和北票市毗邻，东与库伦旗连边，西与赤峰市敖汉旗和翁牛特旗接壤，北与开鲁县隔河相望，属中国东北地区。

3. **当地气候情况**：奈曼旗气候属于北温带大陆性季风干旱气候。年平均气温 6.0~6.5 ℃。平均降水量 366 mm。冬季多西北风，春季多西南风，年平均风速 3.6~4.1 m/s，年平均日照总时数 3000 h 左右。

4. **建造时间**：1990~2010 年。

5. **建筑面积**：98.6 m²。

6. **建造材料**：土坯墙外墙厚度一致，墙基础为根脚（从地面往上 220 mm），材料为碎石。碎石上为土坯，外侧覆泥；砖墙外墙厚度一致，墙基础为根脚（从地面往上 220 mm），材料为碎石。碎石上为砖，水泥覆面。双坡屋顶底层圆木棍排满，三角架支撑，木板覆盖，涂泥铺瓦。

7. **供暖方式**：火炕+火炉，燃料为煤炭和薪柴

附表18 内蒙古农村牧区居住建筑现状调查表

第18号

村落名称	内蒙古锡林浩特市南郊办事处马日图社区奶牛村				户数	200

一、外墙结构形式

形式	1. 土坯	2. 土坯+砖	3. 黏土实心砖	4. 黏土多孔砖	5. 其他
比例	—		100%	—	—

二、屋顶形式（注明构造材料，如钢筋混凝土、木屋顶……）

形式	1.（ ）平屋顶	2.（彩钢）双坡屋顶	3.（瓦木）双坡屋顶	4.（ ）其他
比例	—	20%	80%	—

三、外窗构造（注明单层窗、双层窗、单层玻璃、中空玻璃……）

型材	1.（双层）木窗	2.（双层）钢窗	3.（双玻塑钢）塑料窗	4.（ ）铝合金窗
比例	10%	50%	40%	—

四、外门构造

形式	1. 单层木门+铁皮	2. 双玻塑钢门	3. 保温防盗门	4. 带门斗双层门	5. 其他
比例	60%	30%	10%		—

五、采暖方式

类型	1. 火炕	2. 火炕+火墙	3. 火炉	4. 火炉+土暖气	5. 太阳能热水供暖	6. 烟气加热地面	7. 其他
比例	—	—	100%	70%	—		

六、采暖燃料

种类	1. 薪柴	2. 煤	3. 牛、羊粪	4. 煤+薪柴	5. 其他
比例	—	100%	85%	95%	

七、其他技术指标、构造做法

项目	户均建筑面积/m²	开间/m	进深/m	室内净高/m	窗台高度/m	室内外高差/m	室内地面保温层材料种类、厚度/mm
指标	100~130	10~15	8~10	3.3~3.5	0.9~1.2	0.2~0.6	—

八、舒适度感觉

等级	1. 冷	2. 稍冷	3. 可以	4. 较舒适	5. 舒适
比例	40%	30%	20%	10%	—

现状照片

住户立面	火炉	火炉

住户详图

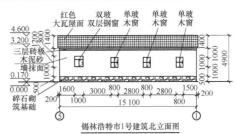

锡林浩特市1号建筑北立面图

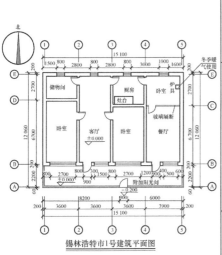

锡林浩特市1号建筑平面图

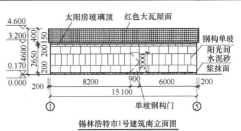

锡林浩特市1号建筑南立面图

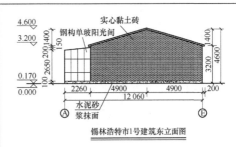

锡林浩特市1号建筑东立面图

续表

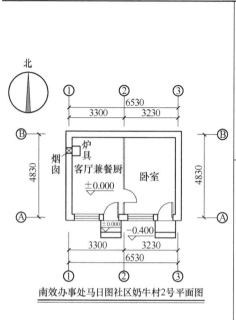

南效办事处马日图社区奶牛村2号平面图

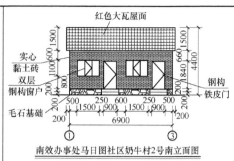

南效办事处马日图社区奶牛村2号南立面图

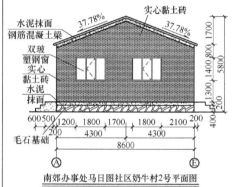

南郊办事处马日图社区奶牛村2号平面图

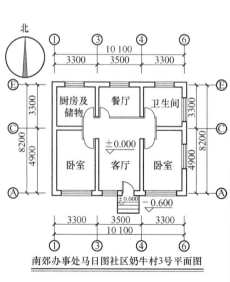

南郊办事处马日图社区奶牛村3号平面图

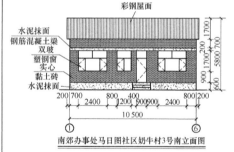

南郊办事处马日图社区奶牛村3号南立面图

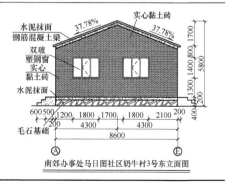

南郊办事处马日图社区奶牛村3号东立面图

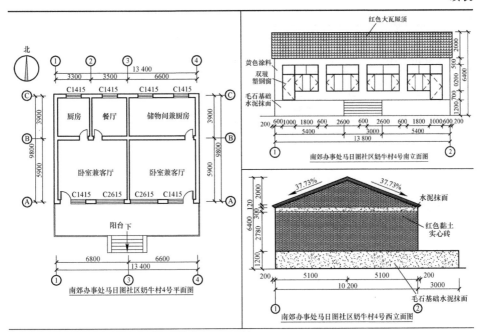

典型户型概述

1. 热工分区：严寒 B 区。

2. 地理位置：锡林浩特市位于内蒙古自治区中部，首都北京的正北方，是锡林郭勒盟盟府所在地。锡林浩特市地势南高北低，南部为低山丘陵，北部为平缓的波状平原，平均海拔 988.5 m。

3. 当地气候情况：地处中纬度西风气流带内，属中温带半干旱大陆性气候，年平均气温 0～3 ℃，结冰期长达 5 个月，寒冷期长达 7 个月，1 月平均气温 –20 ℃，极端最低气温 –42.4 ℃，7 月平均气温 21 ℃，极端最高气温 39.9 ℃，日较差平均为 12～16 ℃。年平均降水量294.9 mm。年日照总时数为 2800～3200 h，日照率 64%～73%。

4. 建造时间：2000～2010 年。

5. 建筑面积：住户一 148 m²，住户二 31.5 m²，住户三 82.8 m²，住户四 131.3 m²。

6. 建造材料：墙体采用实心烧结黏土砖砌筑，内表面在水泥找平层的基础上粉刷白色涂料，外表面采用粗砂水泥浆料抹面。

7. 供暖方式：火炉＋土暖气，燃料为煤炭、薪柴，牛羊粪

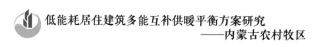
附表19　内蒙古农村牧区居住建筑现状调查表

第19号

| 村落名称 | 内蒙古锡林郭勒盟正镶白旗陶林宝拉格浩尔钦敖包嘎查 | | | | 户数 | 80 |

一、外墙结构形式

形式	1. 土坯	2. 石头＋砖	3. 黏土实心砖	4. 黏土多孔砖	5. 其他
比例	5%	20%	75%	—	—

二、屋顶形式（注明构造材料，如钢筋混凝土、木屋顶……）

形式	1. （　）平屋顶	2. （　）单坡屋顶	3. （瓦木）双坡屋	4. （　）其他
比例	—	—	100%	—

三、外窗构造（注明单层窗、双层窗、单层玻璃、中空玻璃……）

型材	1. （单层）木窗	2. （双层）钢窗	3. （双玻塑钢）塑料窗	4. （　）铝合金窗
比例	5%	25%	70%	—

四、外门构造

形式	1. 单层木门	2. 单层钢门	3. 单层塑钢门	4. 保温防盗门	5. 带门斗双层门
比例	15%	35%	25%	—	25%

五、采暖方式

类型	1. 火炕	2. 火炕＋火墙	3. 火炕＋火炉	4. 火炕＋土暖气	5. 太阳能热水供暖	6. 烟气加热地面	7. 其他
比例	100%		100%	70%			

六、采暖燃料

种类	1. 薪柴	2. 煤	3. 牛、羊粪	4. 煤＋薪柴	5. 其他
比例	—	100%	70%	—	—

七、其他技术指标、构造做法

项目	户均建筑面积/m²	开间/m	进深/m	室内净高/m	窗台高度/m	室内外高差/m	室内地面保温层材料种类、厚度/mm
指标	80～90	9～15	6～8	2.8～3.2	0.8～1.0	0.2～0.4	—

八、舒适度感觉

等级	1. 冷	2. 稍冷	3. 可以	4. 较舒适	5. 舒适
比例	30%	25%	40%	5%	—

现状照片

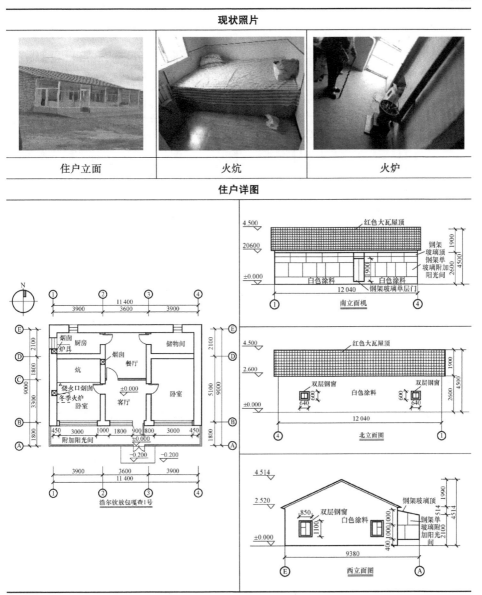

| 住户立面 | 火炕 | 火炉 |

住户详图

续表

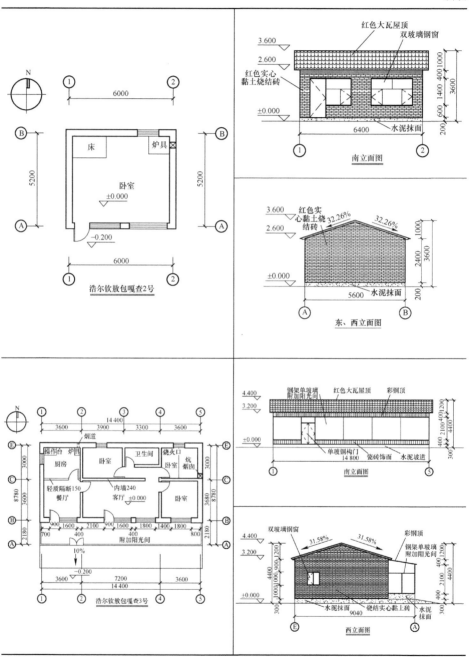

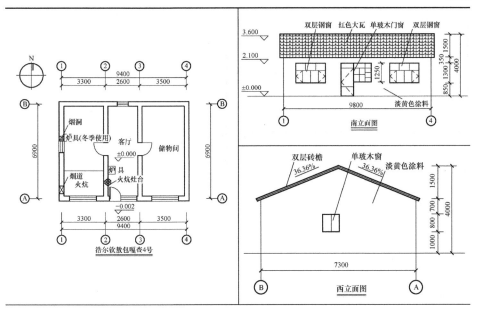

典型户型概述

1. 热工分区：严寒 B 区。

2. 地理位置：正镶白旗位于内蒙古锡林郭勒草原的西南部，浑善达克沙地南缘的典型草原区。海拔 1200 ~ 1400 m，最高海拔 1776 m，北部为浑善达克沙地，中南部为低山丘陵草原。由于地貌不同，地理环境多姿多彩。全旗南北长 112 km，东西宽 88 km，总土地面积 6229 km²。南邻京津冀发达地区，背靠大草原，东西连接蒙东蒙西经济区，是内蒙古自治区距环渤海经济圈最近的地区之一。

3. 当地气候情况：正镶白旗属中温带干旱大陆性气候。冬长春短，夏热秋凉，昼夜温差大，光照充足，雨热同季。年平均温度 1.9 ℃，1 月平均气温 – 19.1 ℃，7 月平均气温 17.6 ℃；日照时数：中南部丘陵草原 2889 h，北部沙区 3200 h；≥10 ℃的有效积温：中南部丘陵草原 2000 ℃，北部沙区 2350 ℃；年平均风速 4 m/s，全年大风日数 78 d（6 ~ 8 级），多为西北风。风能、太阳能资源富集。

4. 建造时间：1990 ~ 2010 年。

5. 建筑面积：住户一 82 m²，住户二 31.2 m²，住户三 95 m²，住户四 64.9 m²。

6. 建造材料：土坯墙墙体厚度为 390 mm，从外到内依次为淡黄色涂料、100 mm 抹泥、370 mm 土坯砖、100 mm 抹泥和白色涂料；石头 + 砖墙的墙体较厚，在原有墙体的基础上外侧砌筑 240 mm 的砖墙，并抹灰粉刷白色涂料；砖墙墙体从内到外依次为瓷砖、抹灰层、370 砖墙砌体、抹灰找平层和白色涂料。

7. 供暖方式：火炕 + 火炉 + 土暖气，燃料为煤炭、牛羊粪